评估理论及建模应用

鞠桂玲　杜　健　孙炜海 ◎ 主编

EVALUATION THEORY AND MODELING APPLICATION

北京理工大学出版社
BEIJING INSTITUTE OF TECHNOLOGY PRESS

图书在版编目（ＣＩＰ）数据

评估理论及建模应用 / 鞠桂玲，杜健，孙炜海主编.
－－北京 ：北京理工大学出版社，2023.7
ISBN 978－7－5763－2592－8

Ⅰ．①评…　Ⅱ．①鞠…　②杜…　③孙…　Ⅲ．①数学模型－研究　Ⅳ．①O141.4

中国国家版本馆 CIP 数据核字(2023)第 131121 号

责任编辑：徐　宁　　　文案编辑：徐　宁
责任校对：周瑞红　　　责任印制：李志强

出版发行 / 北京理工大学出版社有限责任公司
社　　址 / 北京市丰台区四合庄路 6 号
邮　　编 / 100070
电　　话 / （010）68944439（学术售后服务热线）
网　　址 / http://www.bitpress.com.cn

版 印 次 / 2023 年 7 月第 1 版第 1 次印刷
印　　刷 / 保定市中画美凯印刷有限公司
开　　本 / 710 mm×1000 mm　1/16
印　　张 / 9
字　　数 / 178 千字
定　　价 / 62.00 元

前　言

现代科学技术的飞速发展，使各种评估问题的复杂性与不确定性不断增加，如何建立科学合理的评估指标体系及评估指标模型，是当前科技领域亟须研究的重大课题。

本书在系统阐述评估理论的基础上，分析了当前评估理论与方法的发展趋势，提出了评估的基本原则，针对具体问题，分析了影响评估问题的主要因素，构建了评估指标体系，充分运用多元信息融合、模糊综合评判、神经网络分析、灰色聚类分析、物元分析等评估方法，建立评估模型，给出了评估方法的实现步骤，设计了评估应用案例，对于科学评估进行了卓有成效的理论探索与实践。

本书主要工作体现在以下三个方面：

第一，系统研究了评估的基本理论，分析评估的主要方法、基本过程及基本步骤，提出评估的主要思想及原则。

第二，分析了评估的主要影响要素及指标体系设计，提出效能评估的构建框架，建立了评估模型及需要解决的评估关键技术。

第三，针对影响效能评估的要素，采集必需的试验数据，根据设计的评估模型进行实验计算，并对实验结果进行讨论分析。

本书可作为本科生、研究生的教学参考书，也可供其他评估技术研究者阅读。对有志于评估理论及技术研究的学者，具有重要的参考价值。

本书在编写过程中，参考了部分评估理论的相关文献，得到陆军双重子项目"多维融合的试验训练评估方法研究"的资助以及项目组成员的大力支持，在此一并致谢！

在本书的编写过程中，虽然尽了最大努力，但限于作者水平和经验有限，难免存在某些错误和缺点，恳请读者批评指正。

编　者

2022 年 11 月

目　　录

第 1 章
评估的基本理论

■ 1.1 评估问题的提出

随着评估方法的不断发展，评估理论及其方法在 20 世纪 60 年代迅速发展，经典的评估方法有模糊综合法、层次分析法（Analytic Hierarchy Process，AHP）、专家调查法（Delphi）法等。这些评估方法的基本特征是定量与定性结合，运筹学与创造学结合。目前，随着决策科学的进一步发展，以及计算机技术的广泛应用，更多的模型出现在评估活动中。多年来，西方发达国家对评估十分重视，在各个领域广泛应用，并形成一整套完整的规范，几乎在所有的建设项目中，评估均占有举足轻重的地位，往往从评估开始，到评估结束。我国早期也在很多不同领域开展了不同程度的评估工作，但不够严谨和规范。真正意义的评估工作研究开始于 20 世纪 80 年代以后，随着改革开放，从国外引进评估技术并逐步研究和推广。

随着现代科技的迅猛发展，模糊数学、计算机技术和网络技术的进步与逐渐成熟，人们利用计算机进行作战过程的仿真和方案的优选，如虚拟现实、视景仿真技术等，使战场环境和作战过程可视化、虚拟化。仿真方法和技术手段的提升也使效能评估更加现代化和成熟化，同时也使评估结果的可靠性和可信性有了进一步的提高。仿真能够综合反映作战中人员、设备和战场环境之间的关系，是接近实战的一种定量研究设备问题的方法和手段。现代设备仿真的方法很多，国内外的科技研究人员也已经将视景仿真技术运用到仿真领域进行探索，如仿真模拟战场战况、仿真军事训练等。计算机仿真的发展迅速，结合计算机图形学和三维建模技术，视景仿真技术也随之产生并已运用到军事领域中，该技术在无人路径规划、火箭发射等多领域得到应用。基于 Multi Gen Creator 和 Vega 软件的多功能电子战视景仿真系统的开发，实现了多功能电子系统过程和效能评估的可视化效果。视景仿真中的关键技术是三维仿真实体模型的构建和驱动视景运行的程序数据模型的建立，现在三维建模软件和动画、视景创建的软件也有很多，三维建模软件如 Open GL、3DMax，三维动画软件如 3D Unity、3D Delta 等。

在设备的设计研究中，设备的各种性能的提高、周期寿命以及费用之间的综合平衡，要始终作为主要内容贯穿于设备研究和发展的全过程。评估某一事物的效能，是辅助决策的重要因素，对于判断某一事物性能、确定最佳方案有着至关重要的影响。影响某一事物效能的要素众多且错综复杂，使评估难度加大。因此，建立高效客观的效能评估模型有着重要的研究意义和应用价值。针对效能评估问题，在分析影响效能要素基础上，提出评估模型，用于评估设备的效能就变得尤为重要，而只有对效能做出准确判断，才能为设备的研制、采购提供客观的、定量的数据，避免造成人力、物力和财力的浪费。

评估是规划、研制、配备、部署和应用中的重要环节。自 20 世纪 60 年代开始，美国和苏联就投入了大量的人力和财力，对设备效能进行研究，其研究成果大大促进了设备的发展。我国对设备效能分析评估研究主要是在 20 世纪 70 年代中期以后开始，20 世纪 80 年代广泛开展。研究初期，我国设备论证主要采用系统工程中的普查普测法（Surveys of Intentions and Attitudes）、小组会议法（Panel）、专家调查法等分析方法。在研究过程中，经过对各种评估方法的对比分析，评估分析人员发现，作战能力指数法具有算法明确、使用方便以及综合性、可比性、统一性等优点，特别是对于等大型复杂设备的综合作战能力评估，拥有其他方法不具备的宏观性和快速性优势，因而作战能力指数法在设备效能评估领域得到了广泛应用。20 世纪 90 年代以后，随着计算机技术和信息技术以及仿真理论和技术的飞速发展，仿真方法在设备效能评估中（尤其是设备立项论证等早期阶段）的应用越来越广泛，成为设备效能评估与分析的一种有效途径。

■ 1.2　评估的概念

评估（Assessment）即评估估量，也指品评、评估，意为对方案进行评估和论证，以决定是否采纳。

评估的意义是能够及时、准确、客观地对效能进行有效评估，帮助决策者科学合理地配置保障资源，确定最优的保障方案，从而提升战时保障单元的保障能力。

效能原意是指事物所蕴藏的有利的效用能量，主要从性能、效率、质量、效益四个方面体现出来。

设备的效能是指系统在规定条件下达到规定使用目标的能力。"规定的条件"是指环境条件、时间、人员、使用方法等因素；"规定使用目标"指的是所要达到的目的。它是对军事设备的多元度量，并随着研究角度的不同，而具有不同的具体内涵。

效能的概率定义：系统在规定的工作条件下和规定的时间内，能够满足作战要求的概率。

效能度量是效能大小的尺度，可用概率或其他物理量表示。任务的多样性决定了单项度量的多样性，进而影响综合的度量也不一样。效能的度量从静态考虑，有效能指标（单一、综合）和系统效能或效能指数；从动态考虑，有作战效能。

（1）效能指标。在设备论证中，为了评估某个新型设备的不同型号系统方案的优劣，必须采用某种定量尺度去度量各个型号系统方案的系统效能。这种定量尺度称为效能指标（准则）或效能量度，单项效能对应的是任务单一的行动。

（2）系统效能。系统效能是指特定常用的效能指标，包括单项效能、系统效能和效能。

①　单项效能。单项效能是指设备在特定的条件下运用时，达到单一使用目标的程度。如装甲武器系统的机动能力、火力能力和防护能力。

②　系统效能。系统效能是指系统完成规定任务的程度。在国防工业界，系统效能分析已应用于解决设备建设及其使用中的许多系统分析问题。例如，设备（方案）的综合性评估，设备建设工程的优化管理，设备使用的决策分析等。

③　效能。效能是指在规定的作战环境下，运用设备系统执行作战任务时，所能达到预期目标的程度。显然，效能是设备在特定条件下由特定的人使用所表现出来的，是设备、人和环境综合作用的结果，因而也称为兵力效能或作战使用效能。

效能指标是关于敌我双方相互作用结果的定量描述，不仅可以用来说明设备系统效能和战斗结果之间的关系，进而评估设备系统的效能，而且可以确定一种兵力相对另一种兵力而言的效能。

效能分析就是根据影响设备效能的主要因素，运用一般系统分析的方法，在收集信息的基础上，确定分析目标，建立综合反映设备达到规定目标的能力测度算法，最终给出衡量设备效能的测度与评估。其中，影响设备效能的主要因素有设备的可靠性、维修性、保障性、测试性、安全性、生存性、耐久性、人的因素和固有能力等。运用的系统分析方法主要有建模方法、基于数学模型的解析方法、模拟方法和计算机仿真方法。

系统效能分析的一个重要内容是要对系统进行分析，包含系统本身的分析、系统的环境分析、系统的目标分析和系统的结构分析。

系统分析是从系统长远和总体的最优出发，在选定系统目标和准则的基础上，分析构成系统的各个层次分系统的功能和相互关系，以及系统同环境的相互影响。

系统目标是系统分析与系统设计的出发点，是系统的具体化。系统目标分析的目的是论证目标的合理性、可行性和经济性，获得分析的结果——目标集。系统目标分析的首要作用，就是要经过分析，说明总目标建立的合理性，确定系统建立的综合价值。这样就可以防止盲目性，有效避免造成损失和浪费。同时，还能通过目标分析，使建立系统的方向性更加明确，因而减少为明确目标而造成的物资、人力和时间的耗费。

1.3　评估的原则

在项目评估中，要实现指标统一性这个原则：首先国家权力机关应制定统一的评估参数；其次在评估过程中运用参数和各种收益指标时，要特别注重针对性，即不同行业和工业门类，应使用相应的评估参数和评估指标。

1. 科学性原则

评估结论可靠与否，首先取决于评估方法和指标体系科学与否，不恰当的方法和指标会导致不合理甚至与实际完全相反的结论。随着对项目的评估理论研究的不断深入，一些新的方法和指标可能会替代原有的方法和指标；同时，项目的性质不同，在评估方法和指标体系方面也会有一定的差异，这就要求在评估方法和指标体系的选择上应力求科学合理。

2. 客观性原则

项目评估的对象是拟建项目，但项目能否成立却不能由人们的主观意识来决定，必须从实际的物质环境、社会环境、经济发展水平、文化传统、民族习俗等条件出发，实事求是地分析项目成立的可能性。任何有违客观实际的项目最终将失去根本的基础，甚至会对社会造成不可逆转的负面影响。

3. 公正性原则

评估人员的立场对评估结论有相当的影响，为了防止结论的偏差，评估人员应尽可能采取公正的立场，尤其应避免在论证开始以前就产生趋向性意见，更不能持法律禁止的立场开展评估工作。

4. 面向需求的原则

任何项目的产生必须源于社会的需求，不符合需求的项目没有生命力。许多事实证明，投入使用后运行不佳的项目往往就是因为失去了社会的需求，项目提供的产品（或服务）成为经济生活中的剩余物，项目本身成为资不抵债的破产户。

5. 投入与产出相匹配的原则

尽管项目在追求投资效益时，会以尽可能低的投入获得尽可能高的回报，但是项目功能的实现必须要有配套的投资，过分地要求利润最大化将导致对项目辅助投入的忽视，使项目的主要功能无法完全实现，而今后不得已的追加投资只能收到事倍功半的效果。因此，项目的投入必须符合产出的要求。

6. 资金时间价值的原则

资金的使用会随着时间的推移产生不同的价值，投资者对投资的回报都有一定的预期，项目能否在回报投资的同时实现自我增值，是任何项目评估关注的核心问题，对资金的考察是明确项目投资回报和经营业绩的重要途径。

■ 1.4 评估的影响因素

1. 时间因素

时间因素，指在参照物或交易时间与被评估资产在评估基准时间不同所致的资产价格差异。

2. 测试或观察因素

测量者、暗示效应、成熟性、评定错误、测量工具、有效性、准确性、问卷、仪器、试剂等都会影响评估的结果。

3. 回归因素

回归因素指的是由于偶然因素，个别被测量对象的某些特征水平过高或过低，在以后又回复到实际水平的现象。对回归因素的影响可采用重复测量。

4. 选择因素

在对测量对象的选择上要严格控制选择性偏倚，干预对象的选取应具有代表性，设立对照组可以克服时间因素、测量因素、回归因素等对项目的影响。

1.5　评估的发展

从 20 世纪 90 年代到现在，随着计算机技术、软件技术、网络技术以及数据库技术的飞跃发展，设备效能评估支撑技术也得到了长足进步。这一时期，由于各国研究工作的透明度较高，并且各种信息交流也比较便捷和频繁，因此，国内外的设备效能评估支撑技术水平相差不大。

1999 年，杨峰参考软件体系结构的思想，设计了适用于效能仿真评估的体系结构框架。该框架一共包含了配置管理、想定管理、模型管理、实验管理、数据管理、表现管理、校核管理、仿真管理以及评估管理等 9 个子模块。2000 年，RAND 公司的 Davis 提出了探索性分析方法，同时还给出了实现该分析方法的多分辨率多视角建模（Multi-resolution Multi-perspective Modeling，MRMPM）框架，利用该方法能在深入研究细节问题前对整个问题有整体的认识。2000 年，RAND 公司的 John 提出多属性决策与探索性建模混合交互评估（The Hybrid，Interactive，Multiple-attribute，Exploratory Process，HIMAX）。它是一种能综合处理专家经验数据和仿真结果数据，集成模糊数学和层次分析等方法的效能评估框架。2001 年，徐邦海基于模块化和面向对象的方法，设计开发了具有 4 个层次、9 个模块的对地攻击机效能评估软件系统。其中多数模块采用动态链接库（Dynamic Link Library，DLL）实现，进而便于模块的移植和功能的扩充。2001 年，Lewis 指出了美国海军艾伯特工程中的数据耕耘主要是用于解决军事运筹学问题，并设计了用于支持数据耕耘的信息系统，给出了系统的框架结构，同时分析了该系统结果报告生成、数据转换以及可视化显示等方面的特点。2002 年，Bassham 提出了一种自动目标识别分类系统（Automatic Target Recognition System，ATRCS）的效能评估框架。该评估框架可以从作战仿真试验角度和评估专家角度建立 ATRCS 的评估模型，以完成对 ATRCS 作战效果的评估。2003 年，Sheehan 提出了 MMF（Mission and Means Framework）评估框架。该框架能协助作战人员、工程人员和决策人员理解军事行动、系统信息和使命效能定量评估的意义。

　　2004 年，付杰指出已有的 C³I 系统效能评估软件存在通用性差、可扩展性差、功能不完备等不足。其依据系统效能评估的一般流程，同时结合 C³I 系统自身的特点，设计了规范化、模板化的评估方案，并且使评估指标体系和评估模型得到条理化管理，以提高它们的重用性。2004 年，Horne 和 Meyer 认为数据耕耘能有效地帮助模型用户进行高性能仿真，并且能帮助分析人员对海量的仿真结果数据进行分析。他们介绍了数据耕耘中的概念、方法以及相关技术等，特别介绍了由毛伊高性能计算中心（Maui High Performance Computing，MHPCC）开发的数据回放工具以及数据分析工具 Viz Tool 和 Avatar。2005 年，Hootman 针对舰船的设计和实现，提出了一种效能分析和决策支持框架。2006 年，卢盈齐针对 C⁴ISR 系统效能评估中的海量、非结构化数据，将数据仓库技术应用于评估过程中，并采用联机分析处理以及数据挖掘等技术对用于评估的原始数据进行全面分析。2006年，蔺美青和杨峰等针对体系对抗条件下的导弹突防效能评估问题，提出了基于算子树的求解方法。该方法包含了从目标问题到问题表示，再由问题表示到问题求解两次映射。2006 年，吴松涛在定性分析基础上加入定量分析，并结合计算机辅助技术，提出了一套数字化的评估方法和技术，同时还提出了评估指标分割以及评估结果的非线性补偿技术。2006 年，江汉等设计实现了基于分布式仿真的C⁴ISR 效能评估系统，给出了具有四个层次的指挥自动化系统综合效能评估指标层次结构。该评估系统不仅能够找到影响 C⁴ISR 效能的关键因素，还能够对多种作战方案下的 C⁴ISR 效能进行对比分析。2007 年，闫永玲设计并实现了防空 C⁴ISR 系统效能评估软件。该软件具有良好的通用性和可扩展性，并且能提高防空 C⁴ISR 系统效能评估的智能化水平。2007 年，李冬等设计并开发了导弹武器系统效能的仿真评估软件。该软件主要具有战术导弹弹道仿真、多条弹道仿真以及效能评估分析等功能，其中的效能评估分析包含了效能评估、效能分析以及效能对比三类。2007 年，蔺美青和杨峰等再次将评估算子技术用于装甲设备的效能评估中，将评估过程中的效用函数算子转化为效能评估算子，进而建立了设备效能评估的算子树模型。2008 年，李岩岩以 C⁴ISR 系统效能评估为依托，利用数据库及算法集成技术，设计了一种通用性、灵活性以及可扩展性良好的系统效能评估工具。

2008 年，黄炎焱借鉴软件工程中的模型－视图－控制器（Model-View-Controller，MVC）模式，将评估指标体系、评估方法以及评估操作相分离，进而完成评估系统的设计开发，从而保证了评估指标体系的可重用性。2008 年，李妮等基于 RTI 和分布式数据建立了一个针对 C⁴ISR 系统效能仿真评估的开放框架。其中包含试验数据库、用例库以及算法库等，能建立 C⁴ISR 系统效能的层次化指标体系，并支持在线和离线两种评估模式。2009 年，甄曙辉等对后勤设备体系设计与仿真评估软件系统框架进行了研究，给出了基于能力需求的设备体系结构描述框架，并设计了基于探索性仿真分析方法的设备体系效能评估流程，最后在设计软件总体框架和执行流程的基础上，设计并开发了相应的软件。2009 年，高明研究了军用教练机效能评估软件。其设计的软件需要设置教练机的参数、训练标准数据库以及训练文档，最终能得到军用教练机的作战消耗以及效费比。2010 年，吴玉娟等针对毁伤效能，设计研发了包含射击精度、目标描述、毁伤效果模拟等功能模块的软件系统。该软件能有效地提高使用地地战役战术导弹的辅助决策水平。2010 年，李志猛等设计并实现了基于仿真的卫星军事应用效能评估系统。该系统能满足卫星应用效能评估需求，可以根据评估目的编辑评估方案。2011 年，张昶对设备效能通用分析评估框架进行了深入研究，为不同类型的设备提供评估模板和案例的支持。其提出的框架中包含评估、分析以及预测三类方法，依次执行指标体系建立、数据预处理以及分析评估计算三个步骤，采用从整体到局部以及分层次架构的设计思想，同时采用了嵌入式数据库、插件式功能扩展及评估算子组装等技术。2011 年，黄建新等提出了基于 Agent 建模仿真（Agent-based Modeling and Simulation，ABMS）的体系效能评估框架。该框架包含了体系效能评估准备、作战想定编辑、ABMS 仿真引擎、作战过程表现、战果统计以及体系效能综合评估等主要模块。2012 年，李有才基于系统效能分析方法设计实现了船舶数据链效能评估系统。该系统包含了模型部件、数据部件以及综合部件三部分，其中模型库中又包含了信息生成模型、通信协议模型、信息传输模型、性能量度映射以及效能综合评估模型等。

■ 1.6 评估的方法

根据评估所采用的数学方法，可以把效能的评估方法分为以下几类。

1. 指数法

设备的作战能力和效能是从不同角度对设备进行的评估，由于设备效能评估的基础是效能评估，因而将各种评估方法统称为设备效能评估方法。在统计学中"指数"是一个很重要的统计量，它是反映各个时期某一现象变动的指标，是指某一现象的报告时期数值对基础时期数值之比。由指数的原始定义可知，指数的量是相对的，且指数是多种指标的平均综合反映。

对设备效能的基本概念，目前还没有统一的定义，美国工业界武器系统效能咨询委员会（WSEIAC）认为，"武器系统效能是评化设备完成特定作战任务要求的程度度量，可从有效性、可信赖性及能力方面进行衡量"，这是到目前为止比较公认的一种定义方式。根据 WSEIAC 的观点，我们认为，对于一次军事行动，设备的效能是在特定的作战环境下和规定时间内完成特定作战任务的度量，在设备效能评估和战斗分析预测工作中，为了寻求新的科学方法评估设备的综合战斗能力，创造性地把统计中的指数概念移植于设备作战评估，用来反映各军兵种几十种武器及人员在一定条件下联合的平均战斗力结果，取得较好效果，于是指数方法在军事评估中开始广泛研究和应用。指数方法也是一种数学解析方法，方法简明，计算不太复杂，自产生以来人们一直在使用。要比较两个国家的设备能力，指数方法在一定程度上能说明问题，而且计算量不大。设备效能指数是以某个参考设备战斗能力为基准量度其他设备的战斗能力，一般是一个无量纲的相对量。由于指数本身没有一个统一的定义，考虑影响设备战斗能力的因素不同，量度战斗力的尺度不同，确定指数的方法各有不同，因此出现各种各样的指数方法和设备指数。设备效能指数确定方法基本上是一种半经验半理论相结合的方法，确定指数的方法有杜派指数方法（历史统计）、专家经验方法、经验公式方法、幂指数方法。常用的设备指数有武器指数、火力指数、杀伤力指数、战斗力指数、作战能力指数等。尽管设备指数的计算方法和名称各有不同，但都是设备效能大小的相对反映，因而将其统称为设备效能指数，现对典型的设备效能指数及其计算方法进行介绍。

（1）杜派指数。20 世纪 60 年代末，美国历史评估研究机构的杜派（T. N. Dupuy）从军事历史的发展出发，提出了一种比较武器内在杀伤力的理论杀伤力指数（Theoretical Lethality Index，TLI）。TLI 是指有一定幅员的地域目标，该目标区每平方米的面积内平均有一个士兵，用不同武器射击该目标，将单位时间内失去战斗能力的人数定为该类武器的 TLI。杜派通过对大量战例的研究后，认为 TLI 与武器射击速率 RF、武器效能 R、武器射击精度 A、武器伤亡效能 C、武器射程因子 RN 等因素有关。随着设备的不断发展，在实际使用过程中发现理论杀伤力指数与实际不符。杜派通过对历史上战争数据的研究，认为这是由于随着设备的现代化，部队机动性的增加和战术的改进，战斗人员在战场上的密度大大降低了。据此，杜派提出需要把一个疏散因子 DI 应用到 TLI 中，来确定现代武器的实际作战杀伤指数。这种经过修正的武器理论杀伤指数值，代表了给定作战方式所规定的疏散形式下武器的潜在作战能力，称为作战杀伤指数（Operational Lethality Index，OLI）。

（2）武器指数。美国陆军在《演习控制手册》F－105－5 中，用火力指数 F、机动能力指数 M 和生存能力指数 S 确定武器指数（Weapon Index）。该指数主要用于计算装甲武器指数。目前设备效能指数评估，一般建立层次递阶结构的评估指标体系，这样的指标体系只考虑上层指标对下层指标的支配作用，认为同一个层次中的指标是独立的。实际上，影响设备效能的各指标一般存在依赖或相互影响，下层指标对上层指标也可能有反馈作用。假设指标相互独立情况下得到的各指标的重要度排序，由于没有考虑它们之间的依赖或相互影响，并不能反映各指标的真实重要度。更加符合实际的设备效能评估指标体系呈现网络结构。因此，需要采用一定的方法构建网络结构的指标体系，利用多种数据源构建评估模型时的信息融合。在设备采办前期，典型的设备效能指数评估模型构建时，主要的数据来源是依据专家的经验知识，同时仿真实验也能在一定程度上提供数据。两种数据来源各有优缺点：专家数据主观性比较强，但是能提供无法通过仿真实验获得的定性指标信息和综合宏观信息；仿真数据具有较好的客观性，能够提供相对准确的定量指标信息。为了全面评估设备，评估分析人员需要采集专家经验和仿真实验两种数据，但这两种数据在形式上有很大的差距，难以直接利用。因此，需要采用数据融合方法融合两种数据，从而全面地评估设备效能，为设备论证提供信息支持。

（3）效能幂指数。主要研究在评估指标之间存在依赖或相互影响的情况下，利用专家和仿真数据构建设备效能幂指数评估模型。提出了设备效能评估框架，进而分析建立设备效能网络化评估指标体系的要求；然后针对设备的评估需求，基于信念图并采用贝叶斯分析融合多专家信息，建立适用的网络化评估指标体系；最后通过构造融合多种评估数据源确定评估指标重要度，构建设备效能幂指数评估模型，支持设备的作战能力评估，为设备论证工作提供参考依据。

设备效能评估一般包括以下几个关键环节：明确评估对象、确定评估准则（建立评估指标体系）、建立评估模型（选择评估方法）、获取评估数据、解算评估指标和展现评估结果。目前应用作战能力指数法进行设备效能评估，在建立评估指标体系和构建评估模型过程中，仍然存在以下两个问题需要解决：指标之间存在依赖或相互影响时的指标体系设计数和部队指数，武器火力潜力指数。美国陆军作战发展司令部作战运筹部在 20 世纪 60 年代研究的武器火力潜力指数（Firepower Potential Index，FPI），是在一定交战时间内对一个目标的平均杀伤数，主要考虑发射弹药数 A、对一个目标的平均杀伤概率 P、距离因子 Wo，该指数可计算各类武器效能指数。美国提出的武器效能指数/加权单位价值，可用于进行静态兵力对比以及作为宏观作战模型的输入。对于对数法，朱宝鎏曾经使用经验公式法计算作战飞机效能指数，是基于启发式的经验公式计算指数的一种方法。他将作战飞机的设备效能指数分为两部分：一是空战效能指数；二是空对地攻击效能指数。作为衡量飞机作战能力的依据，基准是现代飞机的先进指标或标准值，在数据处理上采用自然对数来压缩数值的大小，即用幂数作为能力指标而不是用自然数，所以也称为对数法幂指数法。研究发现武器的作战能力可视为若干武器性能指标的函数，确定设备效能指数的幂指数方法是一种更为理性化的计算方法。

对于应用幂指数法评估作战能力，针对常规作战能力评估建立了三层的评估指标
体系，分析常规作战能力的影响因素有平台能力、武备能力和探测对抗能力，构
建常规作战能力指数模型，并将平台能力、武备能力和探测对抗能力进一步分解，
分别构建指数模型，对于各指标和因素的相对重要度即幂指数权，采用 AHP；在
幂指数模型、AHP 和指数标度的基础上，对影响攻击型核作战的各因素进行分析，
建立多层递阶结构的效能评估指标体系，构建作战能力指数模型，并对各国的一
些攻击型核作战能力指数进行了分析计算；先确定作战能力指标体系，用幂指数
法计算体系最底层（武器系统）的作战能力指数，考虑作战指挥和战役战术环境
（耦合）效应以及体系的构成，分层次综合作战能力指数，各指标的幂指数权和作
战能力指数综合时各指数权重采用 AHP 得出。

　　随着科学技术的不断发展，人们面对的评估与决策问题越来越复杂，但是许
多问题由于其自身的不确定性，包含大量的定性因素，无法建立完全定量的数学
模型来解决，人们的经验、思维、判断在评估与决策过程中起着重要作用，此时
需要寻求非完全数学模型法的决策分析方法，使决策思维过程规范化，同时含有
定性与定量因素，体现人们的决策思维特征与规律。20 世纪 70 年代美国匹兹堡
大学的 Thomas L Saaty 教授提出 AHP，它是对多个方案多个指标系统进行分析的
一种层次化、结构化的决策方法，采用数学方法将哲学上的分解与综合思维过程
进行了描述，从而建立决策过程的数学模型。自 AHP 提出以来，已经被无数的案
例证明是一个非常有效的决策分析工具。然而，随着研究的深入，发现有些决策
问题不能被构建成 AHP 求解所需的规范型—单向的层次结构，因为这些问题的各
个部分之间存在天然的联系。AHP 的核心是将系统划分层次，且只考虑上层元素
对下层元素的支配作用，同层元素被认为是彼此独立的。这种层次递阶构虽然给
处理决策问题带来了方便，同时也限制了它在复杂决策问题中的应用。在许多实
际问题中，各层内部元素往往是相互依存的，低层元素对高层元素亦有支配作用，
即存在反馈，此时系统的结构更类似于网络结构。

　　早在 20 世纪 80 年代，Saaty 提出反馈的 AHP，1996 年 Saaty 在 ISAHP－Ⅳ
上较为系统地提出了网络分析法（Analytic Network Process，ANP）的理论与方法。
ANP 适应复杂决策问题的需要，是由 AHP 延伸发展得到的系统决策方法。AHP

与 ANP 的共同点在于，AHP 与 ANP 都可以解决无结构和半结构的决策问题，这类问题是用纯数学模型无法精确描述的，而这种类型的决策又占决策问题的绝大部分。ANP 的理论支撑是 AHP，ANP 是由 AHP 发展而逐步形成的理论和方法，可以说 AHP 是 ANP 的一个特例。ANP 在 AHP 的基础上引入超矩阵的概念，将应用空间拓展到更为复杂的结构模型中，适应于求解更为复杂、广泛的评估决策问题。AHP 法所考虑的问题是内部独立的层次递阶结构，造成了求解问题的局限性，ANP 的网络结构远比层次递阶结构复杂得多，但它更能合理地反映复杂系统的功能特点和内部关系，因此，可以认为 ANP 能够克服 AHP 的单向性和对指标或准则独立性等限制性要求。ANP 在诸多领域的成功应用充分说明，ANP 用于求解复杂的多准则决策问题是有效的。在国内，对 ANP 的相关理论研究和方法应用也逐渐展开。王莲芬等最早开展了 ANP 的研究工作，他们对 ANP 中超矩阵的思想及其背后复杂的数学依据进行了比较详细的介绍，并对 Saaty 的某些算法进行改进，特别是对循环系统，提出用带有原点位移的幂指数法直接计算超矩阵的极限相对排序向量，改变了过去计算平均极限排序矩阵的烦琐算法。刘奇志利用有向图及有向图相关的矩阵，将 AHP 的积因子方法（方案合成排序应用乘积而不是相加）推广到一般的网络决策问题。申成霖利用 ANP 建立了第三方逆向物流的评估模型，并通过 Super Decision 与 AHP 模型进行了对比计算，验证了 ANP 模型可以帮助管理者从战略、运营水平上对供应商选择进行更为全面的决策。陈志祥利用 ANP 考虑指标之间的相互影响与制约关系，建立了指标非线性组合关系的多指标供需协调绩效综合评估决策模型与算法。王征将 ANP 应用于产品设计决策，对模型进行分析，将不同准则按照对产品战略的重要程度进行排序，根据排序后的准则对比竞争产品与初步设计的产品，提出符合产品开发战略和市场需求的改进方案。在设备论证评估领域，一些研究人员也对 ANP 进行了探索。徐培德与汪彦明根据卫星军事应用系统的特点，研究了基于 ANP 的效能评估方法，依据效能评估的准则确定影响其效能的指标集，建立了 ANP 控制层和网络层模型，并且利用计算极限超矩阵的方法对单个准则下各方案的效能进行排序。徐岩山等在充分分析海上运输补给能力层次指标体系的基础上引入 ANP，对作战能力量化函数类型及相关参数关系进行分析讨论后，从数学上证明了如果要求决定武器作战能力参数的值线性变化时，武器作战能力指数的相对比值不变，唯一可选用的函数类型为幂函数的乘积。设备的效能及其各项战术技术性能指标之间，有着某种数量关系，也就是说，设备的效能是其技术性能的函数，在分析幂指数积模型和介绍量纲分析理论的基础上，进一步提出了构造武器效能指数模型的一般方法，指出幂指数积模型为量纲分析建模的特例。在深入分析武器性能改进与武器系统效能提高的可能规律的基础上，修正了武器系统效能指数幂函数基本定理的边际效益递减律的假设和幂指数小于等于 1 的结论，进一步奠定了设备效能指数幂函数基本定理的理论基础。

2. 信息融合方法

信息融合（Information Fusion）早期称为数据融合（Data Fusion），出现在 20 世纪 70 年代并在 20 世纪 80 年代发展成为一门专门的技术。信息融合的研究始于军事多雷达跟踪系统中的状态信息融合研究，早在 1973 年美国研究机构就开始了信息融合技术的探索性研究，信息融合技术是由传感器融合技术衍生而来的。信息融合研究的对象为多源信息或数据，而不一定要求是传感器数据。随着科学技术的迅猛发展，工业领域，特别是现代军事领域中不断增长的复杂度使得决策人员面临的数据激增，信息超载的问题需要新的技术途径对海量的信息进行消化解释，评估信息融合技术就是在现代军用需求的驱动下发展起来的。信息融合最早用于军事领域，美国国防部联合董事会实验室（Joint Directors of Laboratories，JDL）从军事应用的角度将信息融合定义为这样的一个过程，即把来自许多传感器和信息源的数据进行联合（Association）、相关（Correlation）、组合（Combination）和估值（Estimation）处理，以达到准确的位置估计（Position Estimation）与身份估计（Identity Estimation），以及对战场情况和威胁及其重要程度进行及时的完整评估。Edward Waltz 和 James Linas 对上述定义进行了补充和修改，给出了如下定义：信息融合是一个多层次、多方面的处理过程，这个过程是对多源数据进行检测、结合、相关、估计和组合，以达到精确的状态估计和身份估计，以及完整及时的态势评估和威胁估计。该定义有三个要点：信息融合是多信源、多层次的处理过程，每个层次代表信息的不同抽象程度；信息融合过程包括数据的检测、关联、估计与合并；信息融合的输出包括低层次上的状态身份估计和高层次上的总战术态势的评估。

按照信息抽象的三个层次，融合可分为三级，即像素级融合、特征级融合和决策级融合，评估信息融合属于决策级融合。多种逻辑推理方法、统计方法、信息论方法等都可用于决策级融合，如贝叶斯（Bayes）推理、D-S（Dempster-Shafer）证据推理、加权平均、聚类分析、模糊集合论、神经网络等，根据具体的应用背景，归纳为三种类型：直接对数据源操作，基于对象的统计特性和概率模型，当设备效能评估指标之间存在依赖和相互影响时，其指标体系呈现网络结构，各影响因素的重要度计算需要使用网络分析法，重点是建立设备效能 ANP 模型。在应用网络分析法求解指标体系时，会存在多个评估数据源，如多个专家判断数据以及仿真数据，因此需要使用信息融合方法融合多个评估数据源数据，主要涉及使用贝叶斯融合方法融合多专家信息和通过加权平均方法建立综合判断矩阵。

3. 试验统计法

试验统计法是一种较为客观、可靠的评估方法，将概率论与数理统计作为理论基础，在规定的实战、试验现场或模巧的作战环境中采集实战、试验、演习等相关数据，从而获得大量的统计数据资料，通过抽样调查、假设检验、回归分析及相关分析等常用的统计分析方法对设备的效能做出评估。试验统计法不但可以得到设备的效能值，还能分析出不同的环境因素如何对效能产生影响，从而为改进武器系统性能和选择更为合适的作战时机提供定量分析依据。利用试验统计法得到的效能评估结果比较准确，但是需要大量的设备进行试验，而设备的研制需要投入大量的人力、物力，因此试验统计法在实际应用中受到资金、时间等多方面因素的制约，难以获得大量反映作战过程随机特性的统计数据，实际应用并不多。

4. 作战仿真评估法

作战仿真评估法通过计算机仿真手段得到关于武器装备作战过程和结果的数据，经过统计处理后或不经任何处理直接用于评估设备的效能。它以特定的作战环境为背景，并考虑对抗条件，可以全面地描述系统间的协同作用、交互作用，而且能够形象地对作战过程进行演示。作战仿真评估法比较详细地考虑影响设备实际作战过程的因素，一定程度上反映了交战对象和对抗条件，对于效能的评估具有重要的意义。仿真评巧法的评估效果依赖于有效的基础数据和原始资料的数量，要获得大量资料需要有计划地长期进行收集。不可否认的是，作战仿真评估法面临以下挑战：仿真模型的建立非常复杂，构建过程直接影响着评估进程；实际的作战环境难以模拟，干扰环境带来的不确定性直接影响着仿真精度，仿真结果的可信度也难以校验；而且作战仿真评估过程要消耗较多的升算资源。另外，还有例如指数法等其他一些效能评估方法，这些方法从多个角度对设备的效能评估问题进行了分析和研讨，构成了设备效能评估方法的理论基础。近些年，有许多研究人员开始将神经网络等智能算法应用到设备的效能评估中，成为又一个重要的发展方向，并且在处理复杂的非线性问题方面更具优势。

5. 解析评估法

解析评估法按照效能描述指标与给定条件之间的函数关系确定解析式，可根据数学方法的求解或者运筹学理论建立效能评估方程，实现对武器效能的评估。典型的解析法模型是由 WAEIAC 提出的 ADC 模型，该模型在效能评估中得到了广泛的应用和推广，并针对不同的情况衍生了许多修正模型。ADC 模型表述为 $E = A \times D \times C$，其中：E 为效能；A 为可用度，描述的是系统开始执行任务时可用的概率；D 为可信度，描述在执行任务过程中系统能够使用并完成特定功能的概率；C 为作战能力，描述系统最终在军事行动结束后能够完成特定作战任务的程度。由此可见，系统效能是由可用度、可信度和作战能力共同决定的。在 ADC 模型中，能力矩阵是求解效能的关键所在，但对于不同的具体的设备，能力矩阵求解十分困难。解析评估法的公式透明性好，比较容易理解，方便分析不同变量之间的关系，不过考虑因素较少，而且经过严格的假设，常常用于简化条件下的武器效能评估。

6. 专家评估法

专家评估法（也称专家调查法）出现较早且应用较广，是一种根据专家的打分对评估对象进行分析的方法。专家评估法主要以定性与定量相结合的方式对设备的效能进行评估，注重发挥专家知识和经验在其中的作用。目前，国内外已经有很多学者在设备效能的评估方面做了具有实用价值的研究，并呈现出评估方法的多样性，而且研究对象也已经扩展到海、陆、空多种类型的设备上，如导弹、预警机、鱼雷、火炮等设备。另外，由多种设备组成的武器作战系统的综合效能有关的研究也被提出，如航空母舰编队反潜效能及综合航空武器平台等，为军事预案制定及指挥决策提供指导。仿真数据的 ANP 超矩阵构造方法针对基于 ANP 的设备效能网络化评估指标体系求解时，研究不同评估数据源的数据采集和表达，在对多种评估数据源进行信息融合的基础上，构建 ANP 矩阵及加权超矩阵。

7. 加权平均法

该方法是最简单直观的实时处理信息的融合方法，它把来自多个数据源的采集数据按照某种加权规则结合为一个最佳估计。其缺点是需要对系统进行详细的分析，以获得正确的数据源权值。在多目标决策（Multiple Objective Decision Making，MODM）与多属性决策（Multiple Attribute Decision Making，MADM）的群决策领域，加权平均法是一种重要的信息融合方法，根据权值的计算又可分为按矩阵加权、按对角阵加权和按标量加权，三者的融合精度由高到低，实时性和计算量则相反。

8. 贝叶斯融合方法

贝叶斯融合方法的基础是贝叶斯统计决策理论。贝叶斯融合方法为多传感器融合提供了一种有效的手段，是融合静态环境中多传感器信息的常用方法。在贝叶斯融合方法中，将各传感器提供的信息以概率值进行定量度量，在融合中依据概率原则进行组合，从而测量不确定性与条件概率表示。贝叶斯网络是目前解决不确定问题的重要方法，它可以直接利用随机变量之间的条件独立性，将不确定信息以节点的联合概率分布的形式直接地表达为一个图形结构和一系列的条件概率表的形式，通过对目标节点的条件概率的计算达到概率推理的目的。

9. D-S 证据推理

D-S 证据推理算法具有很强的处理不确定信息的能力，它不需要先验信息，对不确定信息的描述采用"区间估计"而不是"点估计"的方法，解决了关于"未知"即不确定性的表示方法，在区分不知道与不确定方面以及精确反映证据收集方面显示出很大的灵活性。当不同分类器对结论的支持发生冲突时，D-S 证据推理算法可以通过"悬挂"在所有目标集上共有的概率使得发生的冲突获得解决。

按评估方法的性质，将效能的评估方法分为三类。

（1）主观评估法：主要有直觉法、专家调查法、AHP。

（2）客观评估法：主要有加权分析法、理想点法、主成分分析法、因子分析法、乐观与悲观法以及回归分析法。

（3）定性与定量相结合的方法：主要有模糊综合评估法、灰色关联分析法、聚类分析法、物元分析法和人工神经网络法。

■ 1.7　评估的步骤

评估主要包括以下 5 个环节。

（1）分析对象，明确项目的任务和具体要求；

（2）依据实际需求，建立评估指标体系；

（3）研究评估理论，选用最适合的评估方法；

（4）建立评估模型，并进行评估；

（5）分析评估的结果，提出具有一定价值的建议。

■ 1.8　评估的最新研究方向

评估已越过了理论发展的初期，处在向成熟化发展的阶段，目前仍有许多问题需要解决。从理论发展的动向上看，目前对于理论方法的研究需要围绕"动态""柔性""集成""创新"四个关键点进行思考与展开分析。

"动态"包括信息运用上的动态性（即时序动态评估）及评估过程的多阶段交互性，目前对于后者的研究比较少，其主旨是通过人–人交互或人–机交互的过程反复精化评估信息，实现定性知识与定量知识的有效融合，以改善最终评估结论的质量。"柔性"这里指在信息表达上放松某种严格性（精确性）以改善评估者（或专家）决策环境并提高决策质量的问题，如软指标信息的表达与处理，评估者不确定知识的表达与处理等，这就需要对已有的许多评估方法进行拓展或构建新的评估方法。"集成"即强调"信息集成"及"方法集成"，如关于群组评估、组合赋权、组合评估等方面的研究就是其具体的表现形式。"创新"这里是指从评估需求者的角度出发，制定若干与具体情境相适应的评估规则，依据这些评估规则构建相应的评估方法，本书"多视角下的综合评估方法"大部分是按这种思路提出的。

更具体地，我们认为进一步的理论分析应注重以下方面的一些研究。

（1）评估基础理论方面的研究。如对综合评估的公理体系的研究，综合评估排序稳定性（灵敏性）的影响因素及标准测度算法，指标体系的构建原理及自动构建算法研究等。虽然有的学者在某些方面进行过程度不一的研究，但是站在整个理论方法体系的高度进行普适化、规范化研究的成果却极其缺乏，而建设完善的基础理论是一个学科走向成熟的关键标志。

（2）学习型（知识积累）评估方法的构建。在评估中，对历史留存的评估信息的积累学习是一个十分重要的问题，如神经网络学习、多元判别分析等用于综合评估中都是用于解决该问题，其共同的思路是从原有的信息出发"导出"需要的信息以解决新问题的过程。从工具上看，Rough 集理论是在信息不完全环境下进行知识发现的有力工具，能有效地处理不精确、不一致、不完全的信息，并从中发现隐含的知识，揭示潜在的规律。另外，历史信息（或样本）经常是有限的，统计学习理论（Statistical Learning Theory，SLT）被认为是目前针对小样本统计估计和预测学习的最佳理论，在模式识别与人工智能等方面有着极大的潜力。因此，有必要加强综合评估与这两个领域的结合，构建出更多有效的学习型评估方法。

（3）评估过程的实验性研究。综合评估是主客观信息集成的复杂过程，人在评估的过程中起到至关重要的作用，从目标的制定到偏好信息的获取以及评估结论的分析与解释等环节都离不开人的参与。评估过程中人的心理对于最终的评估结果有怎样的影响，评估者在怎样的组织方式下进行评估最为有效，什么方式最能代表专家的真实思维过程及判断效果，如何降低人在评估过程中的不确定性等问题都需要借助心理学、行为科学中的许多研究结论及试验方法，有针对性地进行深入的分析。目前，这方面的研究尚处于空白。

（4）基于结论检验与方法甄别的模拟仿真。严格地说，综合评估的结论是无法通过客观事实来检验的，因而面向具体评估问题时综合评估方法的优劣判别一直是理论研究方面悬而未决的一个难题，通常采用的方式以人为判断选取为主，缺乏规范的甄别标准。因而针对具体问题进行建模仿真，能够再现实际中许多（或所有）无法实施（或尝试）的"方案或政策或候选人"的模拟效果，从而达到对评估结论进行检验及对评估方法进行优劣甄别的目的。

（5）建立机理仿真型的评估方法。与前面提到的模拟仿真用于检验的目的不同，此处强调建立仿真模型作为特殊综合评估方法的思路。一般来说，综合评估可以看成是一种认识事物的人工模型，与事物的本身自然运行规律是有区别的，评估常按照固定模式进行分析，并且会忽略事物属性之间的一些内在联系；而对事物模拟仿真时必然会考虑这些属性之间的联系与互动，有助于在模型中加入并充分利用对事物发展规律的各种认识，更贴近事物的本身。因此，建立机理仿真型的评估方法是对事物认识进一步深化的结果，是一种更加高级的评估方法。值得指出的是，相对于综合评估，多属性决策问题考虑面向将来的不确定问题，因而建立机理仿真型的多属性决策方法意义更加重大。

（6）不确定知识条件下的评估方法改进与创新。虽然综合评估面向过去已发生的情况，评估环境本身不存在不确定性，但是人们对环境的认识仍然可能是不确定的。目前，在多属性决策中考虑属性信息不确定或权重信息不确定的研究比较多，可将其中适宜的思想与做法引入综合评估中，改进已有的综合评估方法或直接进行理论创新。

（7）混合偏好信息下的综合评估方法。目前，表达比较偏好信息的方式已比较多了，如序数、实数、区间数、模糊数、Vague 值及不完全信息等，研究多种数据形式共存情况下的综合评估方法意义重大，这也是多属性决策领域正在致力解决的一个难题。

评估的思想已渗透至各行各业的实践中，在评估理论与方法的应用方面，这里将重点强调两个方面的问题。

1）加强对"情境嵌入"或"情境依赖型"的专用性评估方法的研究

评估的基础理论是与情境无关的，而方法的应用可看成是评估方法与特定情境的结合，但是在方法应用到具体问题上时有很多细节的问题需要处理。例如，在评估环节中存在多种可选途径时选择哪种方法更适宜，多种方法不适宜时如何进行方法创新就是两个很需要情境知识支持的复杂问题。此外，指标的设置、信息的采集及结论的分析等都有着特定情境的要求与限制。

因为研究特定领域专用的评估方法需要领域内的相关知识与数据，难度较大，并且推广性又不强，所以当前在学术研究上投入该方向的精力很小，自然也没有多少有深度的研究成果产出。但是，我国正处在管理体制改革时期，各行各业的管理正步入良性发展阶段，从管理角度，没有有效的测度就没有真正的管理，作为管理的一个重要工具——"综合评估技术"的作用会越来越重要，应用界对于特定领域专用的评估方法的需求也必然会越来越强烈。

2）加强对与评估相关的背景的研究

与评估相关的应用背景很大程度上代表了目前或未来几年内综合评估理论与方法应用的重要方向，现列举如下，仅供研究时参考。

（1）面向航天、交通等巨系统的综合评估；

（2）企业绩效综合评估；

（3）非营利性组织绩效及评估研究；

（4）信用综合评估的理论与方法；

（5）科学技术的综合评估理论与方法；

（6）复杂系统的可靠性评估方法；

（7）危机/灾害影响的综合评估；

（8）转型时期的中国科技资源整合、配置及综合绩效评估；

（9）城市发展质量和水平的综合评估方法；

（10）公共政策的执行与绩效评估及公共服务供给方式的选择与评估。

　　信息化是实现管理理论方法迅速走向实践的一个重要途径，从目前国内的实际情况来看，通用的大型综合评估软件十分缺乏，实现成熟的商业化应用更是相去甚远。因此，有必要在软件的设计与开发上投入相当精力，开发面向网络环境的集成式智能化评估决策支持系统，为大型复杂的评估决策问题提供支持。

　　此外，还需要重点关注 EDSS 与 ERP、CIMS、SEM 等信息系统的融合问题，促使评估决策支持系统真正成为未来大型决策或管理信息系统中的一项重要组成部分。

第 2 章

层次分析法

■ 2.1 引言

　　层次分析法（AHP）是 20 世纪 70 年代由美国匹兹堡大学运筹学家 Thomas L Saaty 教授提出的一种多目标层次分析方法，该方法比较适合于具有分层交错评估指标的目标系统，而且目标值又难以定量描述的决策问题。该方法将与决策有关的元素分解成目标、准则、方案等层次，在此基础上进行定性和定量分析的决策方法。将大量复杂的问题用明了的层次模型表达出来，用主观判断结合数学方法来定量描述，从而成为问题定性解决的客观根据。自 1982 年被引进到我国以来，以其定性与定量相结合地处理各种决策因素的特点，以及系统、灵活、简洁的优点，迅速地在我国社会经济的各个领域，如能源系统分析、城市规划、经济管理、科研评估等，得到了广泛的重视和应用。其指导思想是：首先，将决策问题按总目标、各层子目标、评估准则直至具体的备择方案的顺序分解为不同的层次结构，建立清晰的层次结构来分解复杂问题。其次，求解判断矩阵的特征向量，求得每一层的各元素相对上一层次某元素的优先权重。最后，计算各备择方案对总目标的最终权重，最终权重最大者即为最优方案。

AHP 的主要特点如下：

（1）面对具有层次结构的整体问题综合评估，采取逐层分解，变为多个单准则评估问题，在多个单准则评估的基础上进行综合。

（2）为解决定性因素的处理及可比性问题，Saaty 建议：以"重要性"（数学表现为权值）比较作为统一的处理格式，并将比较结果按重要程度以 1～9 级进行量化标度。

（3）检验与调整比较链上的传递性，即检验一致性的可接受程度。

（4）对汇集全部比较信息的矩阵集，使用线性代数理论与方法加以处理。挖掘出深层次的、实质性的综合信息作为决策支持。

AHP 的基本思路如下：

（1）将所要分析的问题层次化，根据问题的性质和要达到的总目标，将问题分解成不同的组成因素，按照因素间的相互关系及隶属关系，将因素按不同层次聚集组合，构造一个多层分析结构模型。

（2）确定各层次因素的判断标度。

（3）通过专家意见并结合综合分析，构造两两判断矩阵（正互反矩阵）。

（4）求解矩阵，进行层次单排序及一致性检验，得出各矩阵的特征向量（权重）。

（5）权重传递，进行归一化层次总排序及一致性检验，得出最低层各指标（方案、措施、指标等）对最高层目标（总目标）的相对重要程度的权重。

（6）通过计算和比较，选择最佳方案。

2.2 层次分析法的步骤

实际问题的各要素间往往是相互制约、相互关联的，众多因素构成一个复杂而往往缺少定量数据的系统，AHP 为这类问题的解决提供了一种可操作性强、简捷而实用的建模方法。运用 AHP 建模，可以按以下步骤进行。

2.2.1　建立层次结构模型

应用 AHP 分析决策问题时，首先要将复杂问题分解为若干要素，并将这些要素按属性不同分成若干组，将决策的目标、考虑的因素（决策准则）和决策对象按它们之间的相互关系分为最高层、中间层和最底层，构造出一个有层次的结构模型。这些元素又按其属性及关系形成若干层次。同一个层次的不同要素，关系相对独立，而对下一个层次的某些要素具有支配作用，同时又受上一层次要素的支配。

（1）最高层：这一层中只有一个元素，是指决策的目的、要解决的问题，因此也称为目标层。

（2）中间层：这一层中包含了实现目标所考虑的各个因素及决策的准则，可以由多层组成，包括所需考虑的准则部分、子准则部分，称为准则层。

（3）最底层：这一层是指决策时的备选方案、各种措施等，因此也称为方案层。

典型的层次分析模型如图 2-1 所示。

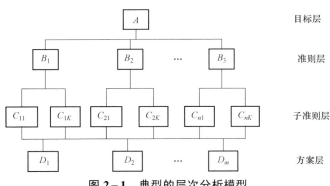

图 2-1　典型的层次分析模型

上述 AHP 模型是由目标层、准则层和方案层三部分构成，其中目标层、准则层和子准则层构成 AHP 的考评体系层，包括了目标层所涉及的范围、包含的因素以及各因素之间的相互关联隶属关系，而方案层是层次分析法的评估方案。

为保证层次结构的合理性，建立模型时应注意以下问题。

（1）所选择的要素要合理，分解简化问题时要把握主要因素；

（2）注意要素间的隶属关系，相差太悬殊的要素不能在同一个目标层；

（3）一般来说，准则层不超过 3 层，每层中的元素个数不超过 9 个，过于复杂会给两两比较判断矩阵带来困难。

2.2.2　构造判断矩阵

在确定每一层次各因素之间的权重时，如果只是定性的结果，则不容易用数学的工具对方案进行评估，因而 Saaty 等提出一致矩阵法。

（1）不要把所有因素放在一起比较，对同一级的要素以上一个层次的要素为准则进行两两比较，用于表示同一个层次各指标要素相对重要性的判断值。

（2）采用相对尺度，以尽可能减少性质不同的诸因素相互比较的困难，以提高准确度。

设要比较 n 个因子 $X = \{x_1, x_2, \cdots, x_n\}$ 对某因素 Y 的影响大小，根据 Saaty 等建议的对因子进行两两比较的办法，每次取两个因子 x_i 和 x_j，以 a_{ij} 表示 x_i 和 x_j 对某元素的影响，全部比较结果用矩阵 $A = (a_{ij})_{n \times n}$ 表示，A 称为 $Y - X$ 之间的成对比较判断矩阵，也称为判断矩阵。容易看出，判断矩阵是对称矩阵，而且对角线上的元素全为 1。a_{ij} 由若干专家来判定，从心理学观点来看，分级太多会超越人们的判断能力，既增加了判断的难度，又容易因此而提供虚假数据。考虑到专家对若干个指标直接评估权重的困难，根据心理学家指出的"人对信息等级的极限能力为 7 ± 2"的研究结论，AHP 在对指标的相对重要程度进行测量时，引入了九分位比例标度判断结果的正确性。试验结果也表明，采用 1～9 级标度最为合适，Saaty 给出的重要性等级及其赋值如表 2−1 所示。

表 2−1　重要性等级及其赋值

要 x_i 与 x_j 的重要性比较	极其重要	很重要	重要	略微重要	同等重要
量化值 a_{ij}	9	7	5	3	1

当然，专家们在判断指标 A 与指标 B 相对重要性时，也可以选取 8、6、4、2、1/2、1/4、1/6、1/8 等中间值。

2.2.3　层次单排序及其一致性检验的计算

计算判断矩阵的特征向量，确定各要素的相对权重。对应于判断矩阵最大特征根 $\lambda_{\max}$ 的特征向量，经归一化后记为 W。W 的元素为同一层次因素对于上一个层次某因素相对重要性的排序权重，这个过程称为层次单排序。

能否确认层次单排序，则需要进行一致性检验。所谓一致性检验，是指对 A 确定是否严重地非一致，以便确定是否接受 A，即确定接受 A 不一致的允许范围。

定义 2.1　若矩阵 $A = (a_{ij})_{n \times n}$ 满足

$$a_{ij} > 0$$

$$a_{ij} = \frac{1}{a_{ji}} \qquad (2.1)$$

$$a_{ik} = a_{ij} a_{jk}, \quad i, j, k = 1, 2, \cdots, n$$

则矩阵 A 称为一致矩阵。

关于一致矩阵有下面定理。

定理 2.1　判断矩阵 A 为 n 阶一致矩阵，则矩阵 A 的唯一非零特征根为 n。

定理 2.2　判断矩阵 A 为一致矩阵当且仅当 $\lambda_{\max} = n$，当判断矩阵 A 为非一致矩阵时，必有 $\lambda_{\max} > n$。

由于矩阵 A 的特征根连续依赖于 a_{ij}，则 $\lambda_{\max}$ 比 n 大得越多，矩阵 A 的不一致性越严重，用最大特征值对应的特征向量作为被比较因素对上层某因素影响程度的权向量，其不一致程度越大，引起的判断误差越大。因此，对判断矩阵做一致性检验是非常重要的。

对判断矩阵进行一致性检验的步骤：

步骤 1：计算一致性指标（CI）

$$CI = \frac{\lambda_{\max} - n}{n - 1} \qquad (2.2)$$

CI 越小，说明一致性越大。因而可以用 $\lambda - n$ 数值的大小来衡量矩阵 A 的不一致程度。

对于一致性指标 CI，主要结论如下：

（1）CI＝0，有完全的一致性；

（2）CI 接近于 0，有满意的一致性；

（3）CI 越大，不一致性越严重。

步骤 2：计算随机一致性指标（RI）。

为衡量 CI 的大小，引入随机一致性指标 RI

$$RI = \frac{CI_1 + CI_2 + \cdots + CI_n}{n} \tag{2.3}$$

式中，随机一致性指标 RI 和判断矩阵 A 的阶数有关，一般情况下，矩阵阶数越大，则出现一致性随机偏离的可能性也越大。Saaty 给出了 RI 的值，其对应关系如表 2-2 所示。

表 2-2　随机一致性指标（RI）

矩阵阶数	1	2	3	4	5	6	7	8	9	10
RI	0	0	0.58	0.90	1.12	1.24	1.32	1.41	1.45	1.49

步骤 3：计算一致性比率。

考虑到一致性的偏离可能是由于随机原因造成的，因此在检验判断矩阵是否具有满意的一致性时，还需要将 CI 和随机一致性指标 RI 进行比较，得出检验系数 CR，计算公式为

$$CR = \frac{CI}{RI} \tag{2.4}$$

一般地，如果 CR＜0.1，则认为该判断矩阵通过一致性检验；否则，就不具有满意一致性。

2.2.4　层次总排序及其一致性检验的计算

上面我们得到的是一组元素对其上一层中某元素的权重向量。我们最终要得到每一层次所有元素对于最高层（总目标）相对重要性的权值，称为层次总排序。

特别是最低层中各方案对于目标的排序权重，从而进行方案选择。总排序权重要自上而下地将单准则下的权重进行合成，以图 2-2 的层次结构模型进行说明。

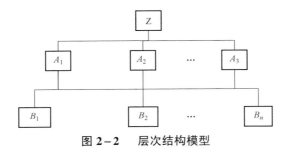

图 2-2　层次结构模型

设 A 层 m 个元素 $A_1, A_2, \cdots, A_m$ 对总目标 A 的排序为 $a_1, a_2, \cdots, a_m$，B 层 n 个元素对上层 A 中因素 A_j 的层次单排序为 $b_{1j}, b_{2j}, \cdots, b_{nj}(j=1,2,\cdots,m)$。$B$ 层的层次总排序，即 B 层第 i 个因素对总目标的权重为 $\sum_{j=1}^{m} a_j b_{ij}(i=1,2,\cdots,n)$。

记

$$\begin{cases} B_1: a_1 b_{11} + a_2 b_{12} + \cdots + a_m b_{1m} = b_1 \\ B_2: a_1 b_{21} + a_2 b_{22} + \cdots + a_m b_{2m} = b_2 \\ \quad\quad\quad\quad\quad \vdots \\ B_n: a_1 b_{n1} + a_2 b_{n2} + \cdots + a_m b_{nm} = b_n \end{cases} \quad (2.5)$$

则 B 层的层次总排序为 $b_1, b_2, \cdots, b_n$。

对层次总排序也需要作一致性检验，检验仍然由高层到低层逐层进行。这是因为各层次均已经过层次单排序的一致性检验，各成对比较判断矩阵都已具有比较满意的一致性。但是，当综合考察时，各层次的非一致性仍有可能积累起来，引起最终分析结果比较严重的非一致性。

设 B 层 $B_1, B_2, \cdots, B_n$ 对上一层 A 中因素 $A_j(j=1,2,\cdots,m)$ 的层次单排序一致性指标为 CI_j，随机一致性指标为 RI_j，则层次总排序的一致性比率为

$$\mathrm{CR} = \frac{a_1 \mathrm{CI}_1 + a_2 \mathrm{CI}_2 + \cdots + a_m \mathrm{CI}_m}{a_1 \mathrm{RI}_1 + a_2 \mathrm{RI}_2 + \cdots + a_m \mathrm{RI}_m} \quad (2.6)$$

当 $\mathrm{CR} < 0.1$ 时，层次总排序通过一致性检验，层次总排序具有满意的一致性；否则，需要重新调整那些一致性比率高的判断矩阵的元素取值，根据决策层的层次总排序确定最初和最后的决策。

2.3　层次分析法的特点

2.3.1　层次分析法的优点

1）系统的分析方法

AHP 是把研究对象作为一个系统，按照分解、比较判断、综合的思维方式进行系统分析的重要工具。其思想在于不割断各个因素对结果的影响，而 AHP 中每一层的权重设置最后都会直接或间接影响到结果，而且每个层次中的每个因素对结果的影响程度都是量化的，非常清晰明确。这种方法尤其适用于对无结构特性的系统评估。

2）简捷实用的决策方法

这种方法不需要高深的数学知识，而是把定性方法与定量方法有机地结合起来，将复杂系统进行分解，而且能把多目标、多准则又难以全部量化处理的决策问题化为多层次单目标问题。通过两两比较确定某一层次元素相对上一层次元素的数量关系，最后进行简单的数学运算。AHP 计算简便，结果简单明确，容易为决策者掌握。

3）所需定量数据信息较少

AHP 主要是从评估者对评估问题的本质、要素的理解出发，比一般的定量方法更注重定性的分析和判断。AHP 把判断各要素的相对重要性的步骤留给了大脑，只对简单的权重进行计算，这种思想能处理许多用传统的最优化技术无法计算的实际问题。

2.3.2　层次分析法的缺点

1）不能为决策提供新方案

AHP 是从备选方案中选择较优者。在应用层次分析法的时候，只能在提供的众多方案里选择一个最好的。然而，如果有一种分析工具能分析出现有方案中的最优者，而且又能指出已有方案的不足，或者又能提出改进方案，这种分析工具才是比较完美的。显然，AHP 还没能做到这点。

2）定量数据较少，定性成分多

AHP 是一种带有模拟人脑的决策方式的方法，因此必然带有较多的定性色彩。但是，在目前对科学方法的评估中，一般都认为一门科学需要比较严格的数学论证和完善的定量方法。

3）指标过多时，数据统计量大，而且权重难以确定

当问题过于复杂时，指标的数量也随之增加，这就需要构造更复杂的层次分析模型，对许多的指标进行两两比较的工作，计算得到数量更多、规模更庞大的判断矩阵。AHP 的两两比较是用 1～9 来说明其相对重要性，如果指标过多，对每两个指标之间的重要程度的判断可能就会出现困难，甚至会对层次单排序和总排序的一致性产生影响，使一致性检验不能通过。

4）特征值和特征向量的精确求解比较复杂

当判断矩阵的阶数比较低时，求解特征值和特征向量还比较简单。但是，因素比较多时，判断矩阵的阶数也随之增加，计算也变得比较困难。一般情况下，经常采用三种比较常用的近似计算方法：和法、幂法和根法。

2.4　应用案例——作战方案评估的应用

2.4.1　建立层次结构模型

根据 AHP 构造模型的原则，考虑此次作战行动的主要目的及主要影响因素，对圆满完成护航运输行动任务的总目标进行分层，建立层次结构模型如图 2−3 所示。

2.4.2　构造判断矩阵

按照表 2−1 给出的比例标度，通过专家的意见，将每一层的因素进行两两比较，结果得到一系列判断矩阵。

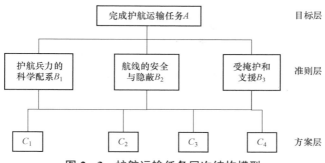

图 2-3　护航运输任务层次结构模型

对于目标层 A，护航兵力的科学配系 B_1、航线的安全与隐蔽 B_2、接受掩护和支援 B_3 对其重要程度的判断矩阵，记为 AB：

$$AB = \begin{pmatrix} 1 & 2 & 4 \\ 1/2 & 1 & 2 \\ 1/4 & 1/2 & 1 \end{pmatrix} \qquad (2.7)$$

对于护航兵力的科学配系 B_1，方案 C_1、方案 C_2、方案 C_3、方案 C_4 对其重要程度的判断矩阵，记为 BC_1：

$$BC_1 = \begin{pmatrix} 1 & 5 & 1/2 & 4 \\ 1/5 & 1 & 1/6 & 1/2 \\ 2 & 6 & 1 & 3 \\ 1/4 & 2 & 1/3 & 1 \end{pmatrix} \qquad (2.8)$$

对于航线的安全与隐蔽 B_2，可构造出方案 C_1、方案 C_2、方案 C_3、方案 C_4 对其重要程度的判断矩阵，记为 BC_2：

$$BC_2 = \begin{pmatrix} 1 & 5 & 1/2 & 4 \\ 1/5 & 1 & 1/6 & 1/2 \\ 2 & 6 & 1 & 3 \\ 1/4 & 2 & 3 & 1 \end{pmatrix} \qquad (2.9)$$

对于便于接受掩护和支援 B_3，可构造出方案 C_1、方案 C_2、方案 C_3、方案 C_4 对其重要程度的判断矩阵，记为 BC_3：

$$BC_3 = \begin{pmatrix} 1 & 7 & 2 & 3 \\ 1/7 & 1 & 1/5 & 1/4 \\ 1/2 & 5 & 2 & 3 \\ 1/3 & 4 & 1/2 & 1 \end{pmatrix} \qquad (2.10)$$

2.4.3　层次单排序及其一致性检验

1. 计算权重系数

应用方根法计算各判断矩阵的 $\lambda_{\max}$ 和 W，得到如下结果。

对于判断矩阵 AB，有

$$\lambda_{\max} = 3, \quad W = (0.571, 0.286, 0.143)^{\mathrm{T}} \tag{2.11}$$

对于判断矩阵 BC_1，有

$$\lambda_{\max} = 4.0911, \quad W = (0.340, 0.069, 0.469, 0.122)^{\mathrm{T}} \tag{2.12}$$

对于判断矩阵 BC_2，有

$$\lambda_{\max} = 4.0886, \quad W = (0.631, 0.704, 0.153, 0.145)^{\mathrm{T}} \tag{2.13}$$

对于判断矩阵 BC_3，有

$$\lambda_{\max} = 4.0453, \quad W = (0.486, 0.056, 0.285, 0.173)^{\mathrm{T}} \tag{2.14}$$

2. 进行一致性检验

对判断矩阵 AB，有

$$\lambda_{\max} = 3, \quad n = 3, \quad \mathrm{CI} = 0 \tag{2.15}$$

查表 2-2 可得

$$\mathrm{RI} = 0.58 \tag{2.16}$$

则

$$\mathrm{CR} = \frac{\mathrm{CI}}{\mathrm{RI}} = 0 \tag{2.17}$$

所以，判断矩阵 AB 符合一致性要求。

同理，对判断矩阵 BC_1，有

$$\mathrm{CI} = 0.0330, \quad \mathrm{RI} = 0.90, \quad \mathrm{CR} = 0.037 < 0.1 \tag{2.18}$$

对判断矩阵 BC_2，有

$$\mathrm{CI} = 0.0295, \quad \mathrm{RI} = 0.90, \quad \mathrm{CR} = 0.033 < 0.1 \tag{2.19}$$

对判断矩阵 $\boldsymbol{BC}_3$，有

$$\text{CI} = 0.015\,1,\ \text{RI} = 0.90,\ \text{CR} = 0.017{<}0.1 \qquad (2.20)$$

2.4.4　层次总排序及其一致性检验

方案 C_1、C_2、C_3、C_4 对总目标的层次总排序及其一致性检验如下：

$$(0.571, 0.286, 0.143)(0.340, 0.631, 0.486)^{\text{T}} = 0.610\,3$$

$$(0.571, 0.286, 0.143)(0.069, 0.704, 0.056)^{\text{T}} = 0.403\,5$$

$$(0.571, 0.286, 0.143)(0.469, 0.153, 0.285)^{\text{T}} = 0.129\,3$$

$$(0.571, 0.286, 0.143)(0.122, 0.145, 0.173)^{\text{T}} = 0.132\,0 \qquad (2.21)$$

$$\text{CI} = (0.033, 0.0295, 0.0151)(0.571, 0.286, 0.143)^{T}$$

$$\text{RI} = (0.90, 0.90, 0.90)(0.571, 0.286, 0.143)^{T}$$

$$\text{CR} = \frac{\text{CI}}{\text{RI}} = 0.037\,2{<}0.1$$

因此，层次总排序的结果符合一致性要求，在这次海上护航作战行动中，四个候选作战方案对于圆满完成作战任务由高到低的排序为：$C_1{>}C_2{>}C_4{>}C_3$。

影响一次作战行动的因素是多方面的，对行动方案的评判准则也是不确定的，上面给出的也仅是一种情况，旨在将 AHP 的方法理论应用于部队实际工作，为实际工作提供理论指导。

第 3 章

模糊综合评估法

在客观世界里，有些实际问题涉及很多复杂的因素，这些因素自身表现为随机性，相互间的关系又表现出模糊性，各因素间又相互关联，相互作用。一方面，有些因素不能用精确的数量来进行描述，而只能是模糊的概念；另一方面，各种因素的变化与评估结果之间不存在一一对应的函数关系，无法建立精确的数学模型来求解。模糊数学就是用数学工具解决模糊事物方面的问题的数学工具。

模糊综合评估法是基于模糊数学的理论，对实际问题进行评估的一种综合评估方法。模糊综合评估法将一些模糊的、难以量化的问题，根据模糊数学的理论把定性评估转化为定量评估，从多个因素对被评估事物的隶属等级状况进行综合评估，即用模糊数学对受到多种因素制约的事物或对象做出一个总体的评估，较好地解决各种非确定性问题的评估。

3.1 模糊综合评估法的基本理论

3.1.1 模糊集合与隶属函数

模糊集合的概念最早由美国的扎德（L. A. Zadeh）教授于 1965 年提出，最初这种理论并没有被人们所关注。但是，随着科学的进步，模糊理论也得到了空前的发展，目前已广泛应用于各个领域，并成为求解复杂性问题的重要理论工具。

根据普通数学里的集合理论，一个元素 u 与一个集合 A 的关系只有 $u \in A$ 或 $u \notin A$ 两种关系。然而，在实际生活中，往往存在某些普通集合不能表现的概念，如高与矮、中年人与青年人等，这些概念的含义是不确切的、不清晰的，我们把这种概念称为模糊概念，需要用模糊集合理论来解决此类问题。

（1）模糊集合是普通集合的隶属关系的推广，把元素对集合的隶属程度只有 0 和 1 两个值，扩展到可取［0，1］之间的任意值。

（2）隶属函数：论域 U 上的模糊子集 A，是指对于任何 $x \in U$，都有一个数 $\mu_A(x) \in [0,1]$ 与之相对应，$\mu_A(x)$ 称为 A 的隶属度，$\mu_A(x)$ 表示元素 x 属于 A 的程度，$\mu_A(x)$ 的函数值越接近于 1，说明 x 属于 A 的程度越高；$\mu_A(x)$ 的函数值越接近于 0，说明 x 属于 A 的程度越低。

3.1.2 模糊关系与模糊矩阵

客观事物之间存在着各种联系，描写这种联系的数学模型之一就是关系。若事物之间"绝对有关"或"绝对无关"，这种关系称为普通关系；若事物之间有些关系，不能用"绝对有关"或"绝对无关"来回答的，则称为模糊关系。在模糊集合中，集合 U 到集合 V 的模糊关系，定义为笛卡儿乘积集 $U \times V$ 的一个模糊子集 R，称为从 U 到 V 的一个模糊关系，记为

$$U \times V = \{(u,v) | u \in U, v \in V\} \tag{3.1}$$

在模糊数学中，模糊关系 R 由隶属函数 $\mu(u_0, v_0)$ 表示，它表示 u_0 与 v_0 之间隶属于模糊关系 R 的程度，即表示隶属函数的二元关系，模糊关系用 $[0,1]$ 中的小数表示，数值越大表示二者关系越紧密。

当集合 U、V 元素有限时，从 U 到 V 的模糊关系可用模糊矩阵来表示。当模糊矩阵表示从集合 U 到集合 V 的模糊关系 R 时，R 中的元素 $r_{ij}(i=1,2,\cdots,m; j=1,2,\cdots,n)$ 表示集合 U 中的第 i 个元素到集合 V 中第 j 个元素之间隶属关系 R 的程度，记为

$$R = \begin{pmatrix} r_{11} & r_{12} & \cdots & r_{1n} \\ r_{21} & r_{22} & \cdots & r_{2n} \\ \vdots & \vdots & & \vdots \\ r_{m1} & r_{m2} & \cdots & r_{mn} \end{pmatrix} \qquad (3.2)$$

3.1.3 模糊综合评估法的基本原理

对某一个对象进行总体评估时，综合考虑多种因素的影响，若评估因素具有模糊性，那么这种方法称为模糊综合评估或模糊综合评判。在事物评估过程中，存在随机性和模糊性等很多不确定性。随机性是指某一事物出现或现象发生具有一定的概率，是由无法完全控制问题属性的发生和发展而引发的；模糊性作为一种基本事实而客观的存在，是指事物属性各状态之间没有明确的界限，例如，人们常说的年龄，"老年""少年""青年""中年"都没有明确的外延。反映事物性能的指标，它们之间相互联系、相互影响，从而导致各因素的模糊性。所谓模糊综合评判是借助模糊数学的一些概念，应用模糊合成的原理，将与被评估事物相关的边界不清、不易定量的各因素定量化，根据最大隶属度原则，进行的全面评估。

首先，确定被评估对象的因素集合评估集。其次，分别确定各个因素的权重及它们的隶属度向量，获得模糊评判矩阵。最后，把模糊评判矩阵与因素的权重进行模糊运算并进行归一化，得到模糊综合评估结果。

▨ 3.2 模糊综合评估法的实现与步骤

3.2.1 单级模糊综合评估法的步骤

1. 确定评估对象的因素集

因素集是与被评估对象相关的各个因素所组成的集合，通常用 U 表示，记为

$$U = \{u_1, u_2, \cdots, u_m\} \qquad (3.3)$$

式中，$u_i (i = 1, 2, \cdots, m)$ 表示第 i 个评估指标，表明对被评估对象从哪些方面来进行

评判，它们能综合反映出评估对象的质量。

2. 确定各评估因素权重

由于各个因素对总目标的影响程度不同，所以在进行综合评估时，必须给出各个因素的权重，即因素权向量集：

$$W=\{w_1,w_2,\cdots,w_m\} \tag{3.4}$$

式中，W 是 U 中各因素对被评事物的隶属关系，它取决于人们进行模糊综合评判时的着眼点，即根据评判时各因素的重要性分配权重。w_i 为因素 u_i 在评估中的权重，因此应满足非负性和归一性条件：

$$w_i \geqslant 0, \quad w_1+w_2+\cdots+w_m=1 \tag{3.5}$$

在进行模糊综合评估时，权重对最终的评估结果会产生很大的影响，权重选择的合适与否直接关系到模型的成败，确定权重的常用方法有以下几种：AHP、专家调查法、加权平均法、专家评估法等。

3. 确定评估集

评估集是评估者对于被评估对象做出的各种总的评估结果组成的集合，即

$$V=\{v_1,v_2,\cdots,v_m\} \tag{3.6}$$

式中，v_i 表示被评估对象属于各评估等级的程度，具体评估等级可以根据评估内容用适当的语言进行描述，如 $V=\{$很好，较好，一般，较差，很差$\}$。

4. 建立模糊关系矩阵 R

在构造了等级模糊子集后，对评估对象因素集中的每一个单因素 $u_i(i=1,2,\cdots,m)$ 作评估，以确定因素 u_i 对评语 v_i 的隶属度，从而得到因素 u_i 在评判等级论域 V 上的单因素评估集，即

$$r_i=(r_{i1},r_{i2},\cdots,r_{in}) \tag{3.7}$$

式中，$r_{ij}(i=1,2,\cdots,m;j=1,2,\cdots,n)$ 表示被评估对象的因素 u_i 对 v_j 等级模糊子集的隶属度，隶属度 r_{ij} 的确定，通常是由专家或问题的相关专业人员根据评估集进行打分，统计打分结果后，根据绝对值减数法求得，即

$$r_{ij}=\begin{cases} 1, & i=j \\ 1-c\sum_{k=1}^{\infty}|x_{ik}-x_{jk}|, & i\neq j \end{cases} \tag{3.8}$$

一个被评估对象在某个因素 u_i 方面的表现是通过模糊向量 $\boldsymbol{r}_i = (r_{i1}, r_{i2}, \cdots, r_{im})$ 来刻画，$\boldsymbol{r}_i$ 称为单因素评估矩阵，可以看作是因素集 U 和评估集 V 之间的一种模糊关系，即影响因素与评估对象之间的"合理关系"。

每一个因素在评估集上都可以得到一个模糊评估向量，将 n 个因素的模糊评估向量放在一个矩阵中，就构成了这 n 个因素在评判等级上的模糊关系矩阵 $\boldsymbol{R}$，即确定从单因素来考察被评估对象对各等级模糊子集的隶属度，进而得到模糊关系矩阵，即

$$\boldsymbol{R} = (\boldsymbol{r}_1, \boldsymbol{r}_2, \cdots, \boldsymbol{r}_n)^{\mathrm{T}} = \begin{pmatrix} r_{11} & r_{12} & \cdots & r_{1n} \\ r_{21} & r_{22} & \cdots & r_{2n} \\ \vdots & \vdots & & \vdots \\ r_{m1} & r_{m2} & \cdots & r_{mn} \end{pmatrix} \qquad (3.9)$$

5. 对模糊综合评估结果进行分析

模糊综合评估的结果是被评估对象对各等级模糊子集的隶属度，它一般是一个模糊向量，而不是一个点值，因而它能提供的信息比其他方法更丰富。对多个评估对象比较并排序，就需要进一步处理，即计算每个评估对象的综合分值，按大小排序，按序择优。将综合评估结果转化为综合分值，可按其大小进行排序，从而挑选最优的评估对象。

假设通过综合评估得到的评估结果为一个评估模糊子集 $\boldsymbol{B} = (b_1, b_2, \cdots, b_n)$，但最终要一个具体数值，以便对各个方案进行比较，因此，需要将 B 转化为数值，设因素集 $\boldsymbol{U} = \{u_1, u_2, \cdots, u_m\}$，评估集 $\boldsymbol{V} = \{v_1, v_2, \cdots, v_m\}$，具体转化方法如下。

（1）利用模糊综合评估法求出模糊综合评估集 $\boldsymbol{B} = \boldsymbol{A} \cdot \boldsymbol{R} = (b_1, b_2, \cdots, b_n)$。

（2）对评估集 V 中的每一个评估等级 v_j 给出相应的等级参数，得参数列向量为 $\boldsymbol{C} = (c_1, c_2, \cdots, c_n)^{\mathrm{T}}$。

（3）利用向量的内积运算得出等级参数评判结果为 $\boldsymbol{B} \cdot \boldsymbol{C} = \sum_{j=1}^{n} b_j c_j = c$。

3.2.2　多级模糊综合评估法的步骤

当评估系统相当复杂时，需要考虑的因素往往很多。这时存在两方面的问题：一方面，权重分配很难确定；另一方面，各因素的权重很小，过小的权重通过模

糊运算后要掩盖许多信息，有时甚至得不出任何结果。采用分层的办法可以解决这类问题。因此提出了多层次综合评估模型。

多级综合评估问题按以下步骤进行。

（1）将被评估对象的因素集 $U=\{u_1,u_2,\cdots,u_m\}$ 按某些属性分成 J 个子集：$U=\{U_1,U_2,\cdots,U_J\}$，其中，$U_i=\{u_{i1},u_{i2},\cdots,u_{iki}\}$，满足

$$\bigcup_{i=1}^{J}U_i=U，\quad U_i\cap U_j=\varnothing(i\neq j)\,(k_1+k_2+\cdots+k_J=m)\qquad(3.10)$$

（2）对每个 U_i 进行评估，U_i 的权重向量为 $\boldsymbol{A}_i$，评判矩阵为 $\boldsymbol{R}_i$，得到评估结果为

$$\boldsymbol{B}_i=\boldsymbol{A}_i\circ\boldsymbol{R}_i=(a_{i1},a_{i2},\cdots,a_{in})\bullet\begin{pmatrix}r_{11i}&r_{12i}&\cdots&r_{1mi}\\r_{21i}&r_{22i}&\cdots&r_{2mi}\\\vdots&\vdots&&\vdots\\r_{n1i}&r_{n2i}&\cdots&r_{nmi}\end{pmatrix}\qquad(3.11)$$

（3）将 U_i 看作一个因素，则 $U=\{U_1,U_2,\cdots,U_J\}$ 又是一个因素集。一级评估结果构成了二级评估矩阵，即 U 的评判矩阵为

$$\boldsymbol{R}=(B_1,B_2,\cdots,B_m)^{\mathrm{T}}=\begin{pmatrix}b_{11}&b_{12}&\cdots&b_{1n}\\b_{21}&b_{22}&\cdots&b_{2n}\\\vdots&\vdots&&\vdots\\b_{m1}&b_{m2}&\cdots&b_{mn}\end{pmatrix}\qquad(3.12)$$

U 的权重向量为 $\boldsymbol{A}$，于是二级模糊综合评估向量 $\boldsymbol{B}=\boldsymbol{A}\bullet\boldsymbol{R}=(b_1,b_2,\cdots,b_n)$。其中，$b_j(j=1,2,\cdots,n)$ 表示被评估对象从整体上对 v_j 等级模糊子集的隶属程度。

这就是二级综合评估，必要时还可以继续划分，得到三级甚至更多级综合评估。

3.3　模糊综合评估方法的优缺点

模糊综合评估通过精确的数学手段处理模糊的评估对象，能对呈现模糊性的问题做出比较科学合理贴近实际的量化评估。评估结果是一个向量，而不是一个点值，包含的信息比较丰富，既可以比较准确地刻画被评估对象，又可以进一步

加工得到参考信息。

　　模糊综合评估方法的缺点：一是确定指标权向量的主观性比较强；二是当指标较大时，隶属度往往偏小，权向量与模糊矩阵不匹配，无法区分谁的隶属更高，甚至造成评判失败。

■ 3.4　应用案例——导弹目标价值评估的应用

　　由于现代侦察手段先进，因而在作战准备阶段或作战中将发现大量目标，要想同时攻击这么多目标是不可能的。因此，需要对目标的价值进行评估随后确定打击的先后顺序，最后实施打击。对各类目标实施打击牵涉到许多方面的因素和指标，具有不确定性，必须加以综合处理，模糊综合评判法可以在这一领域得到广泛运用。

　　在渡海登岛作战的先期火力打击阶段，敌方的战役战术导弹、作战飞机较海岸防御部队对我构成的威胁更大。因此，我方的战役战术导弹对敌方的各类目标实施打击的迫切程度也不尽相同。选择四个有典型意义的目标：敌方的军港、机场、指挥部、防空导弹阵地作为战役战术导弹所要打击的目标，分别记为 M_1、M_2、M_3、M_4，运用模糊综合评估法对目标进行价值分析，确定打击的顺序。

3.4.1　确定评估指标体系

　　对各类目标的价值分析要考虑诸多因素，由于影响分析的因素较多，考虑的侧重点又有所不同，分析结果往往存在较大的差别。为了使其既具有一定的科学性，又有一定的灵活性，在实际作战中，根据影响目标价值的因素，选取衡量目标价值大小的主要指标，主要是确定对各类目标打击的必要性和紧迫性指标，在这里应着重考虑目标重要性、目标对我的威胁程度、目标对我军后续行动的影响、目标的确定性和目标的作战能力等 5 个指标。

3.4.2　选取被评估对象的因素集 *U* 和评语集 *V*

根据以上分析，得出目标价值的因素集，如图 3-1 所示。

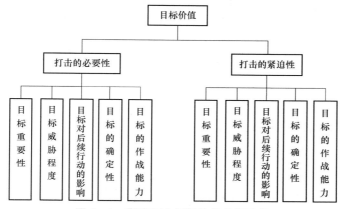

图 3-1　影响打击目标价值的因素集

衡量一个目标的价值，可以通过考察这些因素并综合评判而得到，对所有因素的考察是根据专家打分的结果，按照一定的标准，分为"重要""较重要""一般重要""不重要"四个等级。因此，评语集为 *V* ={重要，较重要，一般重要，不重要}。

3.4.3　一级评判

根据目标价值分析所需要的参数，制定问卷，请一些相关专家打分，获得评判中需要的相关数据。此处只列出 M_1 的价值表，如表 3-1 和表 3-2 所示。

表 3-1　打击必要性的价值表

打击的必要性	重要	较重要	一般重要	不重要
目标重要性	0.7	0.2	0.1	0
目标的威胁程度	0.2	0.3	0.4	0.1
目标对后续行动的影响	0.1	0.7	0.1	0.1
目标的确定性	0.6	0.4	0	0
目标的作战能力	0.1	0.3	0.5	0.1

表 3－2   打击紧迫性的价值表

打击的紧迫性	重要	较重要	一般重要	不重要
目标重要性	0.3	0.1	0.6	0
目标的威胁程度	0.2	0.6	0.2	0
目标对后续行动的影响	0.7	0.1	0.2	0
目标的确定性	0.7	0.1	0.2	0
目标的作战能力	0.3	0.4	0.2	0.1

根据专家打分表，可得打击的必要性和打击的紧迫性对评语集 V 的模糊矩阵，分别记为 $\boldsymbol{R}_{11}$ 和 $\boldsymbol{R}_{12}$：

$$\boldsymbol{R}_{11} = \begin{pmatrix} 0.7 & 0.2 & 0.1 & 0 \\ 0.2 & 0.3 & 0.4 & 0.1 \\ 0.1 & 0.7 & 0.1 & 0.1 \\ 0.6 & 0.4 & 0 & 0 \\ 0.1 & 0.3 & 0.5 & 0.1 \end{pmatrix}, \quad \boldsymbol{R}_{12} = \begin{pmatrix} 0.3 & 0.1 & 0.6 & 0 \\ 0.2 & 0.6 & 0.2 & 0 \\ 0.7 & 0.1 & 0.2 & 0 \\ 0.7 & 0.1 & 0.2 & 0 \\ 0.3 & 0.4 & 0.2 & 0.1 \end{pmatrix} \quad (3.13)$$

同理，可以得到 M_2、M_3、M_4 的模糊矩阵：

$$\boldsymbol{R}_{21} = \begin{pmatrix} 0.3 & 0.3 & 0.3 & 0.3 \\ 0.6 & 0.1 & 0.3 & 0 \\ 0.4 & 0.3 & 0.2 & 0.1 \\ 0.3 & 0.5 & 0.1 & 0.1 \\ 0.1 & 0.3 & 0.5 & 0.1 \end{pmatrix}, \quad \boldsymbol{R}_{22} = \begin{pmatrix} 0.8 & 0.1 & 0.1 & 0 \\ 0.4 & 0.3 & 0.3 & 0 \\ 0.2 & 0.7 & 0 & 0.1 \\ 0.3 & 0.6 & 0.1 & 0 \\ 0.3 & 0.4 & 0.2 & 0.1 \end{pmatrix}$$

$$\boldsymbol{R}_{31} = \begin{pmatrix} 0.7 & 0.2 & 0.1 & 0 \\ 0.4 & 0.3 & 0.3 & 0 \\ 0.4 & 0.3 & 0.2 & 0.1 \\ 0.5 & 0.3 & 0.1 & 0.1 \\ 0.4 & 0.4 & 0.2 & 0 \end{pmatrix}, \quad \boldsymbol{R}_{32} = \begin{pmatrix} 0.7 & 0.3 & 0 & 0 \\ 0.4 & 0.3 & 0.3 & 0 \\ 0.2 & 0.7 & 0 & 0.1 \\ 0.3 & 0.6 & 0.1 & 0 \\ 0.5 & 0.4 & 0.1 & 0 \end{pmatrix} \quad (3.14)$$

$$\boldsymbol{R}_{41} = \begin{pmatrix} 0.7 & 0.2 & 0.1 & 0 \\ 0.8 & 0.2 & 0 & 0 \\ 0.7 & 0.3 & 0 & 0 \\ 0.1 & 0.4 & 0.3 & 0.2 \\ 0.7 & 0.2 & 0.1 & 0 \end{pmatrix}, \quad \boldsymbol{R}_{42} = \begin{pmatrix} 0.8 & 0.2 & 0 & 0 \\ 0.8 & 0.2 & 0 & 0 \\ 0.6 & 0.3 & 0.1 & 0 \\ 0.1 & 0.4 & 0.3 & 0.2 \\ 0.7 & 0.2 & 0.1 & 0 \end{pmatrix}$$

经向专家咨询，因素的权重分配的模糊向量取等权比较合适，即

$$A_1 = (0.2, 0.2, 0.2, 0.2, 0.2) \tag{3.15}$$

M_1 的打击必要性、打击紧迫性的评判向量分别为

$$B_{11} = A_1 \cdot R_{11} = (0.34, 0.38, 0.22, 0.06)$$
$$B_{12} = A_1 \cdot R_{12} = (0.44, 0.26, 0.28, 0.02) \tag{3.16}$$

同理可得，M_2、M_3、M_4 的的打击必要性、打击紧迫性的评判向量分别为

$$B_{21} = (0.52, 0.38, 0.08, 0.02) , \quad B_{22} = (0.56, 0.32, 0.06, 0)$$
$$B_{31} = (0.48, 0.3, 0.18, 0.04) , \quad B_{32} = (0.42, 0.46, 0.1, 0.02) \tag{3.17}$$
$$B_{41} = (0.6, 0.26, 0.1, 0.04) , \quad B_{22} = (0.6, 0.26, 0.1, 0.04)$$

3.4.4 二级评判

为全面客观地评判各类目标的综合价值，需对"打击的必要性"和"打击的紧迫性"进行二级模糊综合评判。在实际作战中，由于"打击的必要性"和"打击的紧迫性"具有同等重要性，所以两者的权重各占 50%，记为 $A = (0.5, 0.5)$。

经计算得，M_1 的综合评估向量为

$$B_1 = A \cdot \begin{pmatrix} B_{11} \\ B_{12} \end{pmatrix} = (0.39, 0.32, 0.25, 0.04) \tag{3.18}$$

同理可得，M_2、M_3、M_4 的综合评估向量为

$$B_2 = (0.54, 0.35, 0.07, 0.04)$$
$$B_3 = (0.45, 0.38, 0.14, 0.03) \tag{3.19}$$
$$B_4 = (0.6, 0.26, 0.1, 0.04)$$

假设评语"重要""较重要""一般""不重要"分别打分 1、0.8、0.5、0，则计算可得 M_1、M_2、M_3、M_4 的综合价值分别为 0.771、0.855、0.824、0.858。

因此，目标价值由高到低依次为

$$M_4 > M_2 > M_3 > M_1$$

战役战术导弹要首先打击敌方防空导弹发射阵地。其次打击敌方机场，再打击敌方指挥部。最后打击敌方军港。

第 **4** 章

灰色聚类评估法

灰色聚类法这一灰色系统概念，是我国邓聚龙教授根据"灰箱"概念拓广而来的。灰色系统是指部分信息清楚，不过对机制关系、模型等完全清楚的技术系统，也可进行灰色预测的提前控制，这则是由白到灰的方法。

灰色聚类是根据灰色关联矩阵或灰数的白化权函数将一些观测指标或观测对象聚集成若干个可以定义类别的方法。按聚类对象划分，可以分为灰色关联聚类和灰色白化权聚类。

灰色关联聚类主要用于同类因素的归并，以使复杂系统简化。因此，可以检查许多因素中是否有若干个因素关系十分密切，使我们既能够用这些因素的综合平均指标或其中的某一个因素来代表这几个因素，又可以使信息不受到严重损失。灰色白化权聚类主要用于检查观测对象是否属于事先设定的不同类别，以区别对待。

■ 4.1 灰色聚类评估方法的基础理论

灰色聚类评估模型包括灰色关联聚类评估模型、灰色变权聚类模型、灰色定权聚类模型和基于混合三角白化权函数（中心点混合三角白化权函数、端点混合三角白化权函数）的灰色聚类评估模型和两阶段灰色综合测度决策模型等方面的内容。

4.1.1　灰色关联聚类评估模型

设有 n 个观测对象，每个观测对象有 m 个特征数据，即

$$\begin{cases} X_1 = (x_1(1), x_1(2), \cdots, x_1(n)) \\ X_2 = (x_2(1), x_2(2), \cdots, x_2(n)) \\ \vdots \\ X_m = (x_m(1), x_m(2), \cdots, x_m(n)) \end{cases} \tag{4.1}$$

对于所有的 $i \leqslant j$，计算出 X_i 与 X_j 的绝对关联度，得到特征变量关联矩阵 A。

给定临界值 r（$0 \leqslant r \leqslant 1$），当关联度大于等于给定的临界值时，就把 X_i 与 X_j 看为同一类。

4.1.2　灰色变权聚类评估模型

定义 4.1　设有 n 个聚类对象，m 个聚类指标，s 个不同灰类，根据对象 $i(i=1,2,\cdots,n)$ 关于指标 $j(j=1,2,\cdots,m)$ 的观测值 $x_{ij}(i=1,2,\cdots,n; j=1,2,\cdots,m)$ 将对象 i 归入灰类 $k(k \in \{1,2,\cdots,s\})$，称为灰色聚类。

定义 4.2　将 n 个对象关于指标 j 的取值相应地分为 s 个灰类，称为 j 指标子类，j 指标 k 子类的三角可能度函数记为 $f_j^k(\bullet)$。

定义 4.3　设 j 指标 k 子类的三角可能度函数记为 $f_j^k(\bullet)$，如图 4-1 所示的典型三角可能度函数，则 $x_j^k(1), x_j^k(2), x_j^k(3), x_j^k(4)$ 称为 $f_j^k(\bullet)$ 的转折点，典型三角可能度函数记为 $f_j^k[x_j^k(1), x_j^k(2), x_j^k(3), x_j^k(4)]$。

定义 4.4　（1）若三角可能度函数 $f_j^k(\bullet)$ 无第一和第二个转折点 $x_j^k(1)$，$x_j^k(2)$，如图 4-2 所示，则称 $f_j^k(\bullet)$ 为下限测度三角可能度函数，记为 $f_j^k[-,-,x_j^k(3), x_j^k(4)]$。

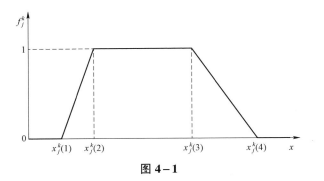

图 4-1

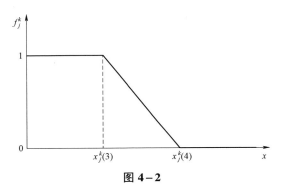

图 4-2

（2）若三角可能度函数 $f_j^k(\cdot)$ 第二和第三个转折点 $x_j^k(2)$，$x_j^k(3)$ 重合，如图 4-3 所示，则称 $f_j^k(\cdot)$ 为适中测度可能度函数，记为 $f_j^k[x_j^k(1), x_j^k(2), -, x_j^k(4)]$，适中测度可能度函数亦称三角可能度函数。

（3）若三角可能度函数 $f_j^k(\cdot)$ 无第三和第四个转折点 $x_j^k(3)$，$x_j^k(4)$，如图 4-4 所示，则称 $f_j^k(\cdot)$ 为上限测度可能度函数，记为 $f_j^k[x_j^k(1), x_j^k(2), -, -]$。

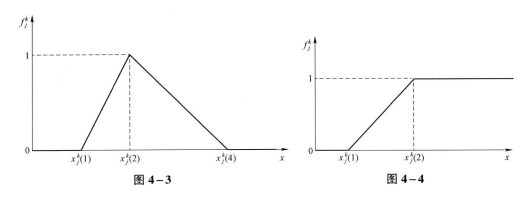

图 4-3

图 4-4

命题（1）对于图 4－1 所示的典型三角可能度函数，有

$$f_j^k(x) = \begin{cases} 0, & x \notin [x_j^k(1), x_j^k(4)] \\ \dfrac{x - x_j^k(1)}{x_j^k(2) - x_j^k(1)}, & x \in [x_j^k(1), x_j^k(2)] \\ 1, & x \in [x_j^k(2), x_j^k(3)] \\ \dfrac{x_j^k(4) - x}{x_j^k(4) - x_j^k(3)}, & x \in [x_j^k(3), x_j^k(4)] \end{cases} \qquad (4.2)$$

（2）对于图 4－2 所示的下限测度三角可能度函数，有

$$f_j^k(x) = \begin{cases} 0, & x \notin [0, x_j^k(4)] \\ 1, & x \in [0, x_j^k(3)] \\ \dfrac{x_j^k(4) - x}{x_j^k(4) - x_j^k(3)}, & x \in [x_j^k(3), x_j^k(4)] \end{cases} \qquad (4.3)$$

（3）对于图 4－3 所示的适中测度三角可能度函数，有

$$f_j^k(x) = \begin{cases} 0, & x \notin [x_j^k(1), x_j^k(4)] \\ \dfrac{x - x_j^k(1)}{x_j^k(2) - x_j^k(1)}, & x \in [x_j^k(1), x_j^k(2)] \\ \dfrac{x_j^k(4) - x}{x_j^k(4) - x_j^k(2)}, & x \in [x_j^k(2), x_j^k(4)] \end{cases} \qquad (4.4)$$

（4）对于图 4－4 所示的上限测度可能度函数，有

$$f_j^k(x) = \begin{cases} 0, & x < x_j^k(1) \\ \dfrac{x - x_j^k(1)}{x_j^k(2) - x_j^k(1)}, & x \in [x_j^k(1), x_j^k(2)] \\ 1, & x \geqslant x_j^k(2) \end{cases} \qquad (4.5)$$

定义 4.5　（1）对于图 4－1 所示的 j 指标 k 子类三角可能度函数，令

$$\lambda_j^k = \frac{1}{2}(x_j^k(2) + x_j^k(3)) \qquad (4.6)$$

（2）对于图 4-2 所示的 j 指标 k 子类三角可能度函数，令 $\lambda_j^k = x_j^k(3)$。

（3）对于图 4-3 和图 4-4 所示的 j 指标 k 子类三角可能度函数，令 $\lambda_j^k = x_j^k(2)$，则 λ_j^k 称为 j 指标 k 子类的基本值。

定义 4.6　设 λ_j^k 为 j 指标 k 子类的基本值，则

$$\eta_j^k = \frac{\lambda_j^k}{\sum\limits_{j=1}^m \lambda_j^k} \tag{4.7}$$

称为 j 指标 k 子类的权。

定义 4.7　设 x_{ij} 为对象 i 关于指标 j 的观测值，$f_j^k(\bullet)$ 为 j 指标 k 子类可能度函数，η_j^k 为 j 指标 k 子类的权，则

$$\sigma_i^k = \sum_{j=1}^m f_j^k(x_{ij})\eta_j^k \tag{4.8}$$

称为对象 i 属于灰类 k 的灰色变权聚类系数。

定义 4.8　（1）表达式

$$\boldsymbol{\sigma}_i = (\sigma_i^1, \sigma_i^2, \cdots, \sigma_i^s,) = \left(\sum_{j=1}^m f_j^1(x_{ij})\eta_j^1, \sum_{j=1}^m f_j^2(x_{ij})\eta_j^2, \cdots, \sum_{j=1}^m f_j^s(x_{ij})\eta_j^s \right) \tag{4.9}$$

称为对象 i 的灰色聚类系数向量。

（2）表达式

$$\boldsymbol{\Sigma} = (\sigma_i^k) = \begin{pmatrix} \sigma_1^1 & \sigma_1^2 & \cdots & \sigma_1^s \\ \sigma_2^1 & \sigma_2^2 & \cdots & \sigma_2^s \\ \vdots & \vdots & & \vdots \\ \sigma_n^1 & \sigma_n^2 & \cdots & \sigma_n^s \end{pmatrix} \tag{4.10}$$

称为灰色聚类系数矩阵。

定义 4.9　设 $\max\limits_{1\leq k\leq s}\{\sigma_i^k\} = \sigma_i^{k^*}$，则对象 i 属于灰类 k^*。

4.1.3　灰色定权聚类评估模型

当聚类指标的意义、量纲不同，且在数量上悬殊较大时，采用灰色变权聚类

可能导致某些指标参与聚类的作用十分微弱。

解决上述问题有两种途径：① 采用初值化算子或均值化算子将指标样本值化为无量纲数据，然后进行聚类，这种方式不能反映不同指标在聚类过程中的差异性；② 对各聚类指标事先赋权，即定权聚类。

定义 4.10 设 $x_{ij}(i=1,2,\cdots,n;j=1,2,\cdots,m)$ 为对象 i 关于指标 j 的观测值，$f_j^k(\bullet)(j=1,2,\cdots,m;k=1,2,\cdots,s)$ 为 j 指标 k 子类可能度函数。若 j 指标 k 子类的权 $\eta_j^k(j=1,2,\cdots,m;k=1,2,\cdots,s)$ 与 k 无关，即对任意的 $k_1,k_2\in\{1,2,\cdots,s\}$，恒有 $\eta_j^{k1}=\eta_j^{k2}$，此时可将 η_j^k 的上标 k 略去，记为 $\eta_j(j=1,2,\cdots,m)$，则

$$\sigma_i^k=\sum_{j=1}^m f_j^k(x_{ij})\eta_j \qquad (4.11)$$

称为对象 i 属于灰类 k 的灰色定权聚类系数。

定义 4.11 设 $x_{ij}(i=1,2,\cdots,n;j=1,2,\cdots,m)$ 为对象 i 关于指标 j 的观测值，$f_j^k(\bullet)(j=1,2,\cdots,m;k=1,2,\cdots,s)$ 为 j 指标 k 子类可能度函数。若对任意的 $j=1,2,\cdots,m$，恒有 $\eta_j=\dfrac{1}{m}$，则

$$\sigma_i^k=\sum_{j=1}^m f_j^k(x_{ij})\eta_j=\frac{1}{m}\sum_{j=1}^m f_j^k(x_{ij}) \qquad (4.12)$$

称为对象 i 属于灰类 k 的灰色等权聚类系数。

定义 4.12 （1）根据灰色定权聚类系数的值对聚类对象进行归类，称为灰色定权聚类。

（2）根据灰色等权聚类系数的值对聚类对象进行归类，称为灰色等权聚类。

灰色定权聚类可按以下步骤进行。

步骤 1：设定 j 指标 k 子类可能度函数 $f_j^k(\bullet)(j=1,2,\cdots,m;k=1,2,\cdots,s)$。

步骤 2：确定各指标的聚类权 $\eta_j(j=1,2,\cdots,m)$。

步骤 3：由步骤 1 和步骤 2 得到可能度函数 $f_j^k(\bullet)(j=1,2,\cdots,m;k=1,2,\cdots,s)$，聚类权 $\eta_j(j=1,2,\cdots,m)$ 以及对象 i 关于指标 j 的观测值 $x_{ij}(i=1,2,\cdots,n;j=1,2,\cdots,m)$，计算出灰色定权聚类系数 $\sigma_i^k=\sum_{j=1}^m f_j^k(x_{ij})\eta_j(i=1,2,\cdots,n;k=1,2,\cdots,s)$。

步骤 4：若 $\max\limits_{1\leq k\leq s}\{\sigma_i^k\}=\sigma_i^{k*}$，则对象 i 属于灰类 k^*。

4.2　灰色聚类评估方法的实现与步骤

4.2.1　基于端点混合可能度函数的灰色聚类评估模型

灰色聚类评估模型的建模步骤如下。

步骤 1：按照评估要求所需划分的灰类数 s，将各个指标的取值范围也相应地划分为 s 个灰类。例如，将 j 指标的取值范围 $[a_1,a_{s+1}]$ 划分为 s 个小区间。即

$$[a_1,a_2],\cdots,[a_{k-1},a_k],\cdots,[a_{s-1},a_s],[a_s,a_{s+1}] \tag{4.13}$$

式中，$a_k(k=1,2,\cdots,s,s+1)$ 的值一般可根据实际评估要求或定性研究结果确定。

步骤 2：确定与 $[a_1,a_2]$ 和 $[a_s,a_{s+1}]$ 对应的灰类 1 和灰类 s 的转折点 λ_j^1、λ_j^s；同时计算其余各个小区间的几何中点，$\lambda_k=\dfrac{a_k+a_{k+1}}{2}$ $(k=2,\cdots,s-1)$。

步骤 3：对于灰类 1 和灰类 s，构造相应的下限测度三角可能度函数 $f_j^1[-,-,\lambda_j^1,\lambda_j^2]$ 和上限测度三角可能度函数 $f_j^s[\lambda_j^{s-1},\lambda_j^s,-,-]$。

设 x 为指标 j 的一个观测值，当 $x\in[a_j,\lambda_j^2]$ 或 $x\in[\lambda_j^{s-1},a_{s+1}]$ 时，可分别由

$$f_j^1(x)=\begin{cases} 0, & x\notin[a_1,\lambda_j^2] \\ 1, & x\in[a_1,\lambda_j^1] \\ \dfrac{\lambda_j^2-x}{\lambda_j^2-\lambda_j^1}, & x\in[\lambda_j^1,\lambda_j^2] \end{cases} \tag{4.14}$$

或

$$f_j^s(x)=\begin{cases} 0, & x\notin[\lambda_j^{s-1},a_{s+1}] \\ \dfrac{x-\lambda_j^{s-1}}{\lambda_j^s-\lambda_j^{s-1}}, & x\in[\lambda_j^{s-1},\lambda_j^s] \\ 1, & x\in[\lambda_j^s,a_{s+1}] \end{cases} \tag{4.15}$$

计算出其属于灰类 1 和灰类 s 的可能度值 $f_j^1(x)$ 或 $f_j^s(x)$。

步骤 4：对于灰类 $k(k\in\{2,3\cdots,s-1\})$，同时连接点 $(\lambda_j^k,1)$ 与灰类 $k-1$ 的几何

中点 $(\lambda_j^{k-1},0)$（或灰类 1 的转折点 $(\lambda_j^1,0)$）以及 $(\lambda_j^k,1)$ 与灰类 $k+1$ 的几何中点 $(\lambda_j^{k+1},0)$（或灰类 s 的转折点 $(\lambda_j^s,0)$），得到 j 指标关于灰类 k 的三角可能度函数 $f_j^k[\lambda_j^{k-1},\lambda_j^k,-,\lambda_j^{k+1}](j=1,2,\cdots,m;k=2,3,\cdots,s-1)$（图 4-5）。

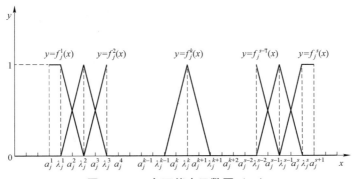

图 4-5　三角可能度函数图（一）

对于指标 j 的一个观测值 x，可由

$$f_j^k(x)=\begin{cases}0, & x\notin[\lambda_j^{k-1},\lambda_j^{k+1}]\\[2mm]\dfrac{x-\lambda_j^{k-1}}{\lambda_j^k-\lambda_j^{k-1}}, & x\in[\lambda_j^{k-1},\lambda_j^k]\\[3mm]\dfrac{\lambda_j^{k+1}-x}{\lambda_j^{k+1}-\lambda_j^k}, & x\in[\lambda_j^k,\lambda_j^{k+1}]\end{cases} \tag{4.16}$$

计算出其属于灰类 $k(k=1,2,\cdots,s)$ 的可能度值 $f_j^k(x)$。

步骤 5： 确定各指标的权重 $w_j(j=1,2,\cdots,m)$。

步骤 6： 计算对象 $i(i=1,2,\cdots,n)$ 关于灰类 $k(k=1,2,\cdots,s)$ 的综合聚类系数 σ_i^k，即

$$\sigma_i^k=\sum_{j=1}^m f_j^k(x_{ij})w_j \tag{4.17}$$

式中，$f_j^k(x_{ij})$ 为 j 指标 k 子类三角可能度函数；w_j 为指标 j 在综合聚类中的权重。

步骤 7： 由 $\max\limits_{1\le k\le s}\{\sigma_i^k\}=\sigma_i^{k^*}$，判断对象 i 属于灰类 k^*；当有多个对象同属于 k^* 灰类时，还可以进一步根据综合聚类系数的大小确定同属于 k^* 灰类的各个对象的优劣或位次。

4.2.2　基于中心点混合可能度函数的灰色聚类评估模型

将属于某灰类程度最大的点称为该灰类的中心点，基于中心点混合三角可能度函数的灰色评估模型的建模步骤如下。

步骤 1：对于指标 j，设其取值范围为 $[a_j, b_j]$。按照评估要求所需划分的灰类数 s，分别确定灰类 1 和灰类 s 的转折点 λ_j^1, λ_j^s 和灰类 $k(k \in \{2,3,\cdots,s-1\})$ 的中心点 $\lambda_j^2, \lambda_j^3, \cdots \lambda_j^{s-1}$。

步骤 2：对于灰类 1 和灰类 s，构造相应的下限测度三角可能度函数 $f_j^1[-,-,\lambda_j^1,\lambda_j^2]$ 和上限测度三角可能度函数 $f_j^s[\lambda_j^{s-1},\lambda_j^s,-,-]$。

设 x 为指标 j 的一个观测值，当 $x \in [a_j, \lambda_j^2]$ 或 $x \in [\lambda_j^{s-1}, b_j]$ 时，可分别由

$$f_j^1(x) = \begin{cases} 0, & x \notin [a_j, \lambda_j^2] \\ 1, & x \in [a_j, \lambda_j^1] \\ \dfrac{\lambda_j^2 - x}{\lambda_j^2 - \lambda_j^1}, & x \in [\lambda_j^1, \lambda_j^2] \end{cases} \tag{4.18}$$

或

$$f_j^s(x) = \begin{cases} 0, & x \notin [\lambda_j^{s-1}, b_j] \\ \dfrac{x - \lambda_j^{s-1}}{\lambda_j^s - \lambda_j^{s-1}}, & x \in [\lambda_j^{s-1}, \lambda_j^s] \\ 1, & x \in [\lambda_j^s, b_j] \end{cases} \tag{4.19}$$

计算出其属于灰类 1 和灰类 s 的可能度值 $f_j^1(x)$ 或 $f_j^s(x)$。

步骤 3：对于灰类 $k(k \in \{2,3,\cdots,s-1\})$，同时连接点 $(\lambda_j^k,1)$ 与灰类 $k-1$ 的中心点 $(\lambda_j^{k-1},0)$（或灰类 1 的转折点 $(\lambda_j^1,0)$）以及 $(\lambda_j^k,1)$ 与灰类 $k+1$ 的中心点 $(\lambda_j^{k+1},0)$（或灰类 s 的转折点 $(\lambda_j^s,0)$），得到 j 指标关于灰类 k 的三角可能度函数 $f_j^k[\lambda_j^{k-1},\lambda_j^k,-,\lambda_j^{k+1}](j=1,2,\cdots,m;k=2,3,\cdots,s-1)$（图 4–6）。

对于指标 j 的一个观测值 x，当 $k=2,3,\cdots,s-1$ 时，可由

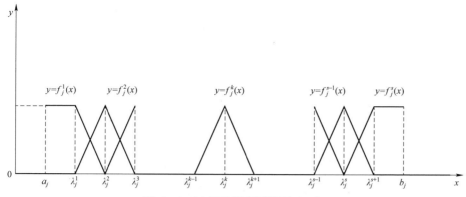

图 4-6 三角可能度函数图（二）

$$f_j^k(x) = \begin{cases} 0, & x \notin [\lambda_j^{k-1}, \lambda_j^{k+1}] \\[2mm] \dfrac{x - \lambda_j^{k-1}}{\lambda_j^k - \lambda_j^{k-1}}, & x \in [\lambda_j^{k-1}, \lambda_j^k] \\[2mm] \dfrac{\lambda_j^{k+1} - x}{\lambda_j^{k+1} - \lambda_j^k}, & x \in [\lambda_j^k, \lambda_j^{k+1}] \end{cases} \qquad (4.20)$$

计算出其属于灰类 $k(k \in \{2,3,\cdots,s-1\})$ 的可能度值 $f_j^k(x)$。

步骤 4： 确定各指标的权重 $w_j(j = 1,2,\cdots,m)$。

步骤 5： 计算对象 $i(i = 1,2,\cdots,n)$ 关于灰类 $k(k = 1,2,\cdots,s)$ 的聚类系数 σ_i^k

$$\sigma_i^k = \sum_{j=1}^{m} f_j^k(x_{ij}) \cdot w_j \qquad (4.21)$$

式中，$f_j^k(x_{ij})$ 为 j 指标 k 子类可能度函数；w_j 为指标 j 在综合聚类中的权重。

步骤 6： 由 $\max\limits_{1 \leqslant k \leqslant s}\{\sigma_i^k\} = \sigma_i^{k^*}$，判断对象 i 属于灰类 k^*；当有多个对象同属于 k^* 灰类时，还可以进一步根据综合聚类系数的大小确定同属于 k^* 灰类之各个对象的优劣或位次。

4.3 应用案例——装备评估建模的应用

随着我国经济的发展，近年来，大中型物流企业逐渐增多，并已不同程度地参与国防运输及物流配送。例如，部队重装备短途倒运和部分岛屿后勤补给由地方企业保障，军队被装由地方物流公司承运等。未来军工企业的军品配送大部分将由地方物流企业承担，国防运输对物流企业的条件要求随之提高，主要体现在设施设备实力、商务管理水平、指挥控制能力、国防运输适应性四个方面。

下面以现行物流企业分类评估标准为基础，结合大中型物流企业参与国防运输的相关因素进行具体的衡量分析，借助灰色聚类评估，确定物流企业保障军用物资运输的能力水平，从而为部队根据任务需求筛选物流企业提供参考依据。

评估指标分为设施设备实力、商务管理水平、指挥控制能力、国防运输适应性 4 项资质因素，以及各因素所对应的 15 项底层指标 $(M_1, M_2, \cdots, M_{15})$，最终构成物流企业参与国防运输资质评估指标体系，如图 4-7 所示。

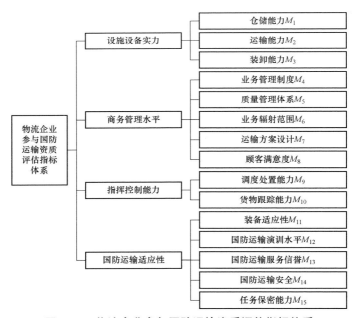

图 4-7　物流企业参与国防运输资质评估指标体系

参考物流企业的等级评估以及国防运输的相关资料，结合部队关于物流企业招标的实例分析，对指标体系中的四个一级指标和 15 项底层指标及取值范围，由专家从多个方面进行评估，如表 4-1 所示。将资质评定为"优""较优""中等"

"较差"四个等级，分别对应 (S_1, S_2, S_3, S_4)。

表 4－1　物流企业参与国防运输评估指标

评估指标		级别			
		优	较优	中等	较差
设施设备实力	仓储能力（面积/ $\times 10^4$ m²）	7 以上	4 以上	1 以上	0.3 以上
	运输能力/辆（总载重量/t）	1 000＋(5 000＋)	700＋(3 500＋)	400＋(2 000＋)	200＋(1 000＋)
	装卸能力	具备在隐蔽条件下快速装卸载物资的能力			
商务管理水平	业务管理制度	机构健全，政审严格		机构不健全，政审不严格	
	质量管理体系	通过国家或行业相关认证		—	
	业务辐射范围	跨境、全国范围		国内部分省市	
	运输方案设计	有设计且完善			有设计但不完善
	顾客满意度	99%以上	95%以上	90%以上	85%以上
指挥控制能力	调度处置能力	有高效的调度系统、特情处置预案		有快速调度能力	—
	货物跟踪能力	100%以上	90%以上	80%以上	60%以上
	装备适应性（载重 40 t 平板车）	40 辆以上	30 辆以上	20 辆以上	10 辆以上

续表

评估指标		级别			
		优	较优	中等	较差
国防运输适应性	国防运输演训水平	定期组织训练演练,或有国防运输经历		不定期组织	—
	国防运输服务信誉	国家保障队伍		—	—
	国防运输安全	有运输危险品资质		—	—
	任务保密能力	100%	90%以上	80%以上	70%以上

采用灰色聚类评估模型,通过计算各指标及聚类系数来分析评估对象企业及其指标所属灰类,即所属资质级数,确定其国防运输资质。

步骤 1: 确定评估指标可能度函数。根据文献 [3] 中的方法确定定量指标可能度函数,定量指标 M_1 灰类可能度函数如图 4-8 所示。

定性指标的可能度函数为

$$f_M^\delta = \begin{cases} 0, & x \text{ 不满足要求} \\ 0.5, & x \text{ 满足部分要求} \\ 1 & x \text{ 满足要求} \end{cases} \quad (4.22)$$

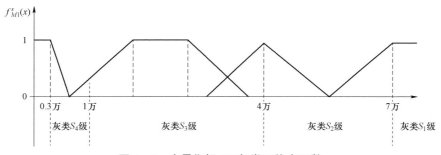

图 4-8　定量指标 M_1 灰类可能度函数

步骤 2: 确定各指标权重。由于聚类指标的意义、量纲不同,且在数量上差异悬殊,为科学体现出评估体系中各指标的主次,增加评估的客观性,综合专家对各项评估准则和评估指标相对重要性的判断，采用专家打分法对各类聚类指标事先赋权。

对 15 个待确认权重的评估指标根据其重要程度分为 5 个等级，打分分值分别设为 0.25，0.15，0.1，0.075，0.05，邀请 5 位专家打分，直到没有专家变动打分为止。根据打分结果计算出各指标权重，如表 4－2 所示。

表 4－2　指标权重表

指标	η_1	η_2	η_3	η_4	η_5	η_6	η_7	η_8	η_9	η_{10}	η_{11}	η_{12}	η_{13}	η_{14}	η_{15}
权重值	0.038	0.103	0.067	0.040	0.049	0.045	0.080	0.027	0.076	0.033	0.094	0.085	0.071	0.103	0.089

步骤 3：评估对象企业灰色聚类系数的确定。

为验证本研究方法的可行性和有效性，选择参加某战区特种装备倒运招标的 5 家物流企业（招标过程中已经过专家综合评定等级，N_2 为优，N_1、N_4 为较优，N_3、N_5 为中等）进行评估指标数据采集，利用灰色聚类评估方法，分别计算出国防运输资质因素和指标的聚类系数，并进行综合评估和优势分析，物流企业指标如表 4－3 所示。

表 4－3　物流企业指标

指标	M_1	M_2	M_3	M_4	M_5	M_6	M_7	M_8	M_9	M_{10}	M_{11}	M_{12}	M_{13}	M_{14}	M_{15}
N_1	7.1	1 250	具备	健全	有	跨境	完善	99%	有	92%	36	有经历	是	有	94%
N_2	9	980	—	健全	有	跨境	完善	95%	有	96%	42	定期	是	有	92%
N_3	7.5	600	—	部分	有	部分省	部分	83%	部分	68%	20	—	—	有	82%
N_4	8	910	—	部分	有	全国	完善	95%	部分	94%	24	—	—	有	96%
N_5	10	580	具备	健全	有	部分省	部分	88%	部分	74%	22	有经历	—	有	86%

根据可能度函数公式和式（4-1）得出 N_1 物流企业的 M 指标 S 子类可能度函数值为

$$R = \begin{pmatrix} 1 & 0 & 0 & 0 \\ 1 & 0 & 0 & 0 \\ 1 & 1 & 1 & 1 \\ 1 & 1 & 1 & 1 \\ 1 & 1 & 1 & 1 \\ 1 & 1 & 1 & 1 \\ 1 & 1 & 1 & 1 \\ 1 & 0.5 & 0 & 0 \\ 1 & 1 & 1 & 1 \\ 0 & 0.7 & 0.3 & 0 \\ 0.2 & 0.9 & 0 & 0 \\ 1 & 1 & 1 & 1 \\ 1 & 1 & 1 & 1 \\ 1 & 1 & 1 & 1 \\ 0 & 0.9 & 0.1 & 0 \end{pmatrix} \quad (4.23)$$

由 $\sigma_i^k = \sum\limits_{j=1}^{15} f_j^k(x_{ij})\eta_j (i=1,2,\cdots,5; k=1,2,3,4)$ 及表 4-1 和前两部分的结果可得以下结果。

当 $i=1$ 时，

$$\sigma_1^1 = \sum_{j=1}^{15} f_j^k(x_{1j})\eta_j$$

$$= f_1^1(x_{11})\times0.038 + f_2^1(x_{12})\times0.103 + f_3^1(x_{13})\times0.067 + f_4^1(x_{14})\times0.040 +$$
$$f_5^1(x_{15})\times0.049 + f_6^1(x_{16})\times0.045 + f_7^1(x_{17})\times0.080 + f_8^1(x_{18})\times0.027 +$$
$$f_9^1(x_{19})\times0.076 + f_{10}^1(x_{1,10})\times0.033 + f_{11}^1(x_{1,11})\times0.094 + f_{12}^1(x_{1,12})\times0.085 +$$
$$f_{13}^1(x_{1,13})\times0.071 + f_{14}^1(x_{1,14})\times0.103 + f_{15}^1(x_{1,15})\times0.089$$
$$= 0.802\,8$$

$$(4.24)$$

同理可得

$$\sigma_1^2 = 0.817\,3, \sigma_1^3 = 0.634\,8, \sigma_1^4 = 0.616$$
$$\sigma_1 = (\sigma_1^1, \sigma_1^2, \sigma_1^3, \sigma_1^4) = (0.802\,8, 0.817\,3, 0.634\,8, 0.616) \quad (4.25)$$

同理，可计算 σ_2、σ_3、σ_4、σ_5 的结果：

$$\sigma_2 = (\sigma_2^1, \sigma_2^2, \sigma_2^3, \sigma_2^4) = (0.802\,5, 0.712\,9, 0.575\,7, 0.549) \quad (4.26)$$

$$\sigma_3 = (\sigma_3^1, \sigma_3^2, \sigma_3^3, \sigma_3^4) = (0.310\,5, 0.336\,5, 0.390\,3, 0.279\,1)$$

$$\sigma_4 = (\sigma_4^1, \sigma_4^2, \sigma_4^3, \sigma_4^4) = (0.432, 0.553\,3, 0.422\,9, 0.335)$$

$$\sigma_5 = (\sigma_5^1, \sigma_5^2, \sigma_5^3, \sigma_5^4) = (0.482\,5, 0.463\,7, 0.685\,8, 0.463\,1)$$

由 $\max\limits_{1 \leqslant S \leqslant 4}\{\sigma_N^S\} = \sigma_N^{S*}$ 可得

$$\max\limits_{1 \leqslant S \leqslant 4}\{\sigma_1^S\} = \sigma_1^2 = 0.817\,3$$

$$\max\limits_{1 \leqslant S \leqslant 4}\{\sigma_2^S\} = \sigma_2^1 = 0.802\,5$$

$$\max\limits_{1 \leqslant S \leqslant 4}\{\sigma_3^S\} = \sigma_3^3 = 0.390\,3 \qquad （4.27）$$

$$\max\limits_{1 \leqslant S \leqslant 4}\{\sigma_4^S\} = \sigma_4^2 = 0.553\,3$$

$$\max\limits_{1 \leqslant S \leqslant 4}\{\sigma_5^S\} = \sigma_5^3 = 0.685\,8$$

从而可以判定物流企业 N_2 的国防运输资质为优，N_1、N_4 为较优，N_3、N_5 为中等。验证结果与 5 个物流企业国防运输资质的定级结果完全相符，说明本研究方法具有一定的可行性和有效性。

第 **5** 章

人工神经网络评估

当今社会面临许多的选择或决策问题，人们通过分析各种影响因素，建立相应的数学模型，通过求解最优解来得到最佳方案。由于数学模型有较强的条件限制，导致得出的最佳方案与现实有较大误差。只有重新对各种因素进行分析，重新建立模型，这样存在许多重复的工作，而且以前的一些经验性的知识不能得到充分利用。为了解决这些问题，人们提出模拟人脑的神经网络，建立能够"学习"的模型，并能将经验性知识积累和充分利用，从而使求出的最佳解与实际值之间的误差最小化。通常把这种解决问题的方法称为人工神经网络。

人工神经网络（Artificial Neural Network，ANN）主要是由大量与自然神经细胞类似的人工神经元互联而成的网络。各种实验与研究表明，人类的大脑中存在着由巨量神经元细胞结合而成的神经网络，而且神经元之间以某种形式相互联系。人工神经网络的工作原理大致模拟人脑的工作原理，主要根据所提供的数据，通过学习和训练，找出输入与输出之间的内在联系，从而求取问题的解。人工神经网络反映了人脑功能的基本特性，但并不是生物神经系统的逼真描述，只是一定层次和程度上的模仿和简化，强调大量神经元之间的协同作用和通过学习的方法解决问题是人工神经网络的重要特征。

人工神经网络是模仿生物神经网络功能的一种经验模型，首先根据输入的信息建立神经元，通过学习规则或自组织等过程建立相应的非线性数学模型，并不断进行修正，使输出结果与实际值之间差距不断缩小。人工神经网络通过样本的"学习和培训"，可记忆客观事物在空间、时间方面比较复杂的关系，它能够把问题的特征反映在神经元之间相互联系的权值中，所以，把实际问题特征参数输入后，人工神经网络输出端就能给出解决问题的结果。

基于人工神经网络的多指标综合评估方法通过神经网络的自学习、自适应能力和强容错性，建立更加接近人类思维模式的定性和定量相结合的综合评估模型。训练好的人工神经网络把专家的评估思想以连接权的方式赋予网络，这样人工神经网络不仅可以模拟专家进行定量评估，而且避免了评估过程中的人为失误。由于模型的权值是通过实例学习得到的，这样就避免了人为计取权重和相关系数的主观影响和不确定性。

5.1　RBF 神经网络评估方法的基本理论

5.1.1　RBF 神经网络的基本概念

人工神经网络也称为神经网络，是模拟生物神经网络进行信息处理的一种数学模型。它以对大脑的生理研究成果为基础，目的在于模拟大脑的某些机理与机制，实现一些特定的功能。

径向基（RBF）神经网络是以函数局部逼近理论为基础的前向神经网络，即对于输入空间的某一个局部地区只存在少数的神经元用于决定网络的输出，具有最佳逼近的特性，且无局部极小问题存在，具有较强的输入和输出映射功能，是完成映射功能的最优网络。因此，RBF 神经网络以其简单的结构、良好的适应性与自学习能力、较强的抗干扰能力等诸多优点已在许多应用领域取得了巨大的成功。

5.1.2　RBF 神经网络的数学基础

首先确定给出一个包括 N 个不同点的集合 $\{c_i \in R^n \mid i=1,2,\cdots,N\}$ 和对应的 N 个实数的集合 $\{y=R^l \mid i=1,2,\cdots,N\}$，使函数 $F:\{R^N \to R^l\}$ 满足下列条件，即

$$F(x)=y_i, i=1,2,\cdots,N \qquad (5.1)$$

在 RBF 神经网络中，函数 F 的形式为

$$F(x)=\sum_{i=1}^{N} w_i \varphi(\|x-c_i\|) \qquad (5.2)$$

式中，$\{\varphi(\|x-c_i\|) \mid i=1,2,\cdots N\}$ 是一个包含 N 个径向基函数的集合；$\|\bullet\|$ 表示范数，一般为欧几里得范数；$c_i \in R^n \mid (i=1,2,\cdots,N)$ 为训练数据，作为径向基函数的中心。

通过式（5.2），可以取得权值 $\{w_i\}$ 的齐次线性等式，即

$$\begin{bmatrix} \varphi_{11}\varphi_{12}\cdots\varphi_{1N} \\ \varphi_{21}\varphi_{22}\cdots\varphi_{2N} \\ \vdots \\ \varphi_{N1}\varphi_{N2}\cdots\varphi_{NN} \end{bmatrix} \begin{bmatrix} w_1 \\ w_2 \\ \vdots \\ w_N \end{bmatrix} = \begin{bmatrix} y_1 \\ y_2 \\ \vdots \\ y_N \end{bmatrix} \qquad (5.3)$$

$$\varphi_{ij}=\varphi(\|x_j-x_i\|),(j,i)=1,2,\cdots,N$$

式中，$Y=[y_1,y_2,\cdots,y_N]^T$ 表示输出向量；$W=[w_1,w_2,\cdots,w_N]^T$ 表示各部分之间的权值向量；$\boldsymbol{\Phi}=\{\varphi_{ji} \mid (j,i)=1,2,\cdots,N\}$ 表示插值矩阵。

若将矩阵写为

$$\boldsymbol{\Phi}W=Y \qquad (5.4)$$

如果 $\boldsymbol{\Phi}\in R^{N\times N}$ 是可逆的，可以将权向量 W 变为

$$W=\boldsymbol{\Phi}^{-1}Y \qquad (5.5)$$

由 Micchelli 定理可知，如果 $\{c_i\}_{i=1}^{N}$ 是 N 中不一样的点的集合，则 $N\times N$ 阶的插值矩阵 $\boldsymbol{\Phi}$ 是非奇异的。

高斯函数可表示为

$$\varphi(r)=\exp\left(-\frac{r^2}{2\sigma^2}\right), \sigma>0 \qquad (5.6)$$

具体形式为

$$\varphi_i(x) = \exp(-\|\boldsymbol{x} - \boldsymbol{c}_i\|^2 / \sigma_i^2), i = 1, 2, \cdots, N \qquad (5.7)$$

式中，$\boldsymbol{x}$ 是一维输入向量；$\boldsymbol{c}_i$ 是第 i 个 RBF 神经网络函数的中心，是和 $\boldsymbol{x}$ 拥有相同维数的向量；σ_i 是第 i 个隐层神经元的径向基函数宽度；$\|\boldsymbol{x} - \boldsymbol{c}_i\|$ 是 $\boldsymbol{x} - \boldsymbol{c}_i$ 的欧几里得范数，它通常表示 $\boldsymbol{x}$ 与 $\boldsymbol{c}_i$ 之间的距离；$\varphi_i(x)$ 在 $\boldsymbol{c}_i$ 处有唯一的最大值，随着 $\|\boldsymbol{x} - \boldsymbol{c}_i\|$ 的增大，$\varphi_i(x)$ 迅速衰减到 0。

对于给定的输入 $x \in R^l$，只有靠近中心 $\boldsymbol{c}_i$ 的向量会受到影响，这一现象表明 RBF 神经网络函数具有局部感应的特性。记径向基函数神经网络 RBFNN 的隐层神经元（隐层节点）个数为 N，网络的输出形式为

$$y = f(x) = w_0 + \sum_{i=1}^{N} w_i \exp(-\|\boldsymbol{x} - \boldsymbol{c}_i\|^2 / \sigma_i^2) \qquad (5.8)$$

式中，W_0 为函数的偏差；W_i 为隐含层与输出层之间的权值。

5.2　RBF 神经网络评估方法的实现与步骤

5.2.1　数学模型

RBF 神经网络的基本思想：使用 RBF 神经网络作为隐含层的神经元的神经突触组成隐含层，使输入向量直接映射在隐含层。确定 RBF 神经网络的中心，使得这种映射关系能够确定。因为隐含层到输出层的映射不是非线性的，即网络的输出是隐层神经元输出的线性加权和，此处的权值为网络的可调参数。从总体上来说，网络有输入到输出的映射是非线性的，而网络对可调参数而言是线性的。这样网络的权值就可由线性方程组解出或由递推最小二乘（RLS）方法递推计算，从而加快学习速度并避免局部极小问题。

RBF 神经网络是一种前向网络，一共分为三个层次，其中第一层为输出层，由信号源节点构成；第二层为隐含层，其节点基函数是一种局部分布的、对中心径向对称衰减的非负非线性函数；第三层为输出层。RBF 神经网络结构如图 5-1 所示。

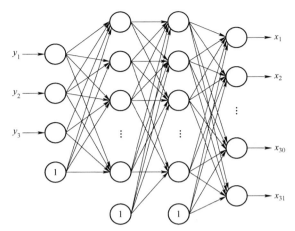

图 5-1　RBF 神经网络结构

人工神经网络一般由输入层、隐藏层和输出层组成，第一层是输入层，最后一层是输出层，中间的层都是隐藏层。

每层可含多个神经元，输入层的神经元个数取决于输入数据，其他层中神经元的数目会根据实际情况进行调整。隐藏层的层数是自定义的，往往不止一层。层与层之间往往是全连接的，即每层的任意神经元与下一层的所有神经元相连，层内的各神经元之间没有连接。

权值修正是在误差反向传播过程中逐层完成的。由输出层误差修正各输出层单元的连接权值，再计算相连隐含层单元的误差量，并修正隐含层单元连接权值。如此继续，整个网络权值更新一次后，因此网络经过了一个学习周期。重复此过程，当各个训练模式都满足要求时，我们说 BP 下神经网络已学习好了。在网络的学习过程中，权值是随着迭代的进行而更新的，并且一般是收敛的。

5.2.2　RBF 神经网络的算法原理

RBF 神经网络是一种拥有三层结构的前向型神经网络，三层结构分别为输入层、隐含层、输出层。隐含层任意神经元和输入层相连的权向量 W_{1i} 和输入向量 Z^n 之间的阈值 b_{1i} 作为其自身的输入。

RBF 神经网络的阈值 b_1 可以调节相应函数的灵敏度，当前使用另一种扩充参数 C，在 MATLAB 中 b_1 与 C 的关系为 $b_{1i} = 0.832\,6 / C_i$，C 值的大小实际反映的

是输出对于输入的响应程度，则此时 RBF 神经网络隐含层神经元的输入值为

$$
\begin{aligned}
S_i^n &= \exp\left[\frac{\sqrt{\sum_j (W_{1ji} - x_j^n)}0.832\,6}{C_i}\right] \\
&= \exp\left[-0.832\,6^2\left[\frac{\|W_{1i} - X^n\|}{C_i}\right]^2\right]
\end{aligned}
\tag{5.9}
$$

式中，S_i^n 为第 n 个输入值，其对应的是第二层第 i 个神经元的输出值；W_{1i} 为第一层与第二层间第 i 个神经元的权值；X^n 为输入值；C_i 为第 i 个神经元的扩展常数；第三层的输入即为第二层各个神经元的输出的加权和。

5.2.3　RBF 神经网络的学习步骤

（1）初始化网络及学习参数，如设置网络初始权矩阵、学习因子、势态因子等；

（2）提供训练模式，训练网络，直到满足学习要求；

（3）前向传播过程：对给定训练模式输入，计算网络的输出模式，并与期望模式比较，若有误差，则执行步骤（4）；否则，返回步骤（2）；

（4）反向传播过程：计算同一层单元的误差，修正权值和阈值，返回步骤（2）。

网络的学习是通过用给定的训练集训练实现的。通常用网络的均方根误差来定量地反映学习的性能。一般地，当网络的均方根误差值低于 0.1 时，则表明对给定训练集学习已满足要求了。

RBF 神经网络的实质就是依据所提供的样本数据，通过学习和训练，抽取样本所隐含的特征关系，以神经元间连接权值的形式存储专家的知识。具体地说，RBP 神经网络算法的基本思想是将每次迭代的误差信号由输出层经隐蔽层至输入层反向传播，调整各个神经元之间的连接权值，如此反复迭代，直到误差达到容许水平，这种调节过程具有自组织、自学习的特点。

5.2.4　RBF 神经网络评估模型设计

RBF 神经网络的结构包括网络层数、输入/输出节点和隐节点的个数、连接方

式，其中输入层节点数 m，即评估指标的个数；输出层节点数 n 为 1，即评估结果；隐含层节点数 $L = \dfrac{(m \cdot n) 1}{2}$。隐含层的输出函数为 sigmoid 变换函数，输入层和输出层函数为线性函数。

具体地说，将用于多指标综合评估的评估指标属性值进行归一化处理后作为 RBP 神经网络模型的输入，将评估结果作为 RBP 神经网络模型的输出，用足够多的样本训练这个网络，使其获取评估专家的经验、知识、主观判断及对指标重要性的倾向。训练好的 RBP 神经网络模型根据待评估对象各指标的属性值，就可得到对评估对象的评估结果，再现评估专家的经验、知识、主观判断及对指标重要性的倾向，实现定性与定量的有效结合，保证评估的客观性和一致性。

■ 5.3 RBF 神经网络评估方法的特点和应用范围

5.3.1 装备效能评估过程

基于一般效能评估的过程，将装备效能评估过程概括如下：

（1）明确效能评估的条件，进行系统分析，确定评估对象的特点、主要影响因素以及相互之间的关系；

（2）根据评估对象的主要影响要素建立一个科学合理的装备效能评估模型；

（3）针对所建立的评估模型，利用仿真工具软件或者高级编程语言进行模拟仿真；

（4）收集试验样本数据，并进行后期的数据处理与分析。

5.3.2 RBF 神经网络评估的特点

RBF 神经网络评估的特点是，神经网络将信息或知识分布存储在大量的神经元或整个系统中。它具有全息联想的特征，具有高速运算的能力，具有很强的适应能力，具有自学习、自组织的潜力。另外，它有较强的容错能力，能够处理那些有噪声或不完全的数据。

　　RBF 神经网络是一种功能极其强大的 BP 神经网络，能够以任意精度逼近任意的非线性函数，相对于只能解决局部最优问题的 BP 神经网络而言，有着良好的大范围逼近能力。它的神经网络结构十分紧凑，并且各个参数可实现分离学习。

　　RBF 神经网络的优势在于：它的最佳逼近特性十分明显，并且没有局部最小这一问题；RBF 神经网络的输入/输出功能特别强大，尤其是在种类众多的 BP 神经网络中，对于各种映射功能的体现尤为突出；其各个不同层次之间的连接权值都与最终的输出结果呈线性关系，且对于区分目标的类别效果很好；训练过程简单，收敛速度快。

5.3.3　RBF 神经网络评估的应用范围

　　RBF 神经网络隐含层神经元采用高斯径向基函数作为激活函数，只有距离基函数中心比较近的输入才会明显影响到网络的输出。因此，激活函数具有局部化接收输入信息的特点，具有较强的局部映射能力。RBF 神经网络只有两层结构，即仅包含一个隐含层和一个输出层。RBF 神经网络比 BP 神经网络训练速度快，因此比较适合于对系统的实时辨识和在线控制。人工神经网络是模仿生物脑结构和功能的一种信息处理系统，已经在信号处理、目标跟踪、模式识别、机器人控制、专家系统等众多领域显示出极大的应用价值。

5.4　应用案例——基于 RBF 神经网络的装备效能评估

5.4.1　装备效能评估模型的建立

　　影响军队综合战斗力的因素是多方面的，如单兵的军事技能素质，投入战场的部队的数量，以及部队的武器装备，而对于信息化条件下的联合作战来说，它是指在一定的作战条件下，综合运用联合作战力量去执行作战任务从而达到预期目标的程度。因此，就联合作战系统而言，它是由多个不一样的子系统通过多个不一样的子过程来完成相应的作战任务，这就使得我们在建立装备效能指标模型时，不仅需要建立总体的指标，还要建立不同子系统完成任务的单项指标。

　　对于装备效能评估而言，其涉及的决策因素十分繁杂。设计了装备效能评估指标模型，就是确定影响装备效能最主要的因素，即评估的参数指标以及相应的结构层次。根据现在联合作战特性以及联合作战过程中的战场主导因素，我们确定建立以"指挥能力""侦察能力""打击能力""防御能力""保障能力"五大要素为基础的装备效能评估指标体系。将五大要素分为 20 个效能评估指标，对每个指标进行单项评估，评估等级分为三个等级(H_1, H_2, H_3)，其中 H_1 为效能差；H_2 为装备效能一般；H_3 为装备效能好，其对应具体数值为 1、2、3。装备效能 S 等于 H_i 乘以 e_{mn} 所对应的权重，数值在 12～15 表示装备效能很好，9～12 表示装备效能较好，6～9 表示装备效能一般，3～6 表示装备效能较差，0～3 表示装备效能很差。装备效能评估指标体系如图 5−2 所示。

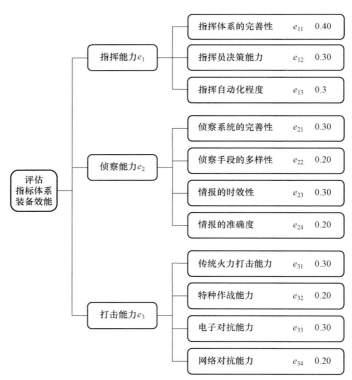

图 5−2　装备效能评估指标体系

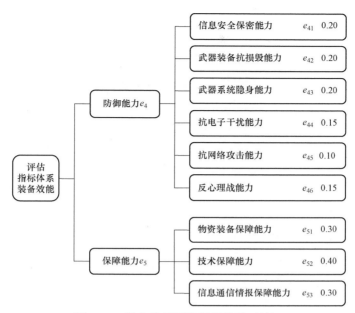

图 5-2 装备效能评估指标体系（续）

5.4.2 装备效能系统模型的仿真分析和案例

对于装备效能评估这一复杂的非线性问题，影响因素众多，单一的数据并不能够说明问题，因此我们同时采用三组数据进行输入，利用 RBF 神经网络独特的优势对装备效能进行仿真评估。我们设置 20 个神经网络节点作为输入层的输入，分别对应装备效能评估最后一层的 20 个单项指标，具体代号如下：

$$(e_{11}, e_{12}, e_{13}; e_{21}, e_{22}, e_{23}, e_{24}; e_{31}, e_{32}, e_{33}, e_{34}; e_{41}, e_{42}, e_{43}, e_{44}, e_{45}, e_{46}; e_{51}, e_{52}, e_{53})$$

在神经网络的训练过程中隐含层的节点数会进行相应的调整，输出节点为 20，分别对应上述 20 个单项指标的效能评估等级 (H_1, H_2, H_3)。

5.4.2.1 训练样本的选取和处理

对于装备效能评估来说，用来进行训练 RBF 神经网络的样本的选取极其重要，它对于下一步实例仿真的客观性和准确性至关重要。为了使仿真模拟的评估结果符合实际，以能真正地反映联合作战的系统效能，将原始数据作为原始训练样本。

　　本试验样本主要选取某个兵团的军事演习资料作为样本数据，将各兵团相对应的各项作战能力指标作为神经网络的输入值，而后通过 Delphi 法获得其效能评定值，将其作为最终的目标值。本试验选取的试验样本的效能评估值 $S = 9.4$，效能评估等级为"较好"。为了方便运算及编程，先将样本原始数据进行分类排列。训练样本数据如表 5-1 所示。

表 5-1　训练样本数据

指标	演习 1	演习 2	演习 3	效能评定等级
e_{11}	2 364	1 947	2 665	2
e_{12}	2 477	2 031	2 071	2
e_{13}	2 418	2 075	2 472	2
e_{21}	2 449	2 141	2 405	2
e_{22}	2 752	2 557	3 411	3
e_{23}	2 535	2 297	3 340	3
e_{24}	2 584	2 692	3 177	3
e_{31}	2 702	2 505	3 243	3
e_{32}	2 662	2 949	3 244	3
e_{33}	2 984	2 802	3 017	3
e_{34}	2 757	2 863	3 199	3
e_{41}	1 739	1 675	2 395	1
e_{42}	1 756	1 652	1 514	1
e_{43}	1 803	1 583	2 163	1
e_{44}	1 571	1 731	1 735	1
e_{45}	1 845	1 918	2 226	1
e_{46}	1 692	1 867	2 108	1

指标	演习 1	演习 2	演习 3	效能评定等级
e_{51}	1 680	1 575	1 725	1
e_{52}	1 651	1 713	1 570	1
e_{53}	1 637	1 766	1 480	1

5.4.2.2 RBF 神经网络的训练

1. 设置函数分布密度

spread 代表 RBF 神经网络的分布密度，即散步常数，默认值为 1，是 RBF 神经网络设计过程中一个极其重要的参数。其值应该足够大，以满足神经元响应区域覆盖所有输入区间这个要求。

2. RBF 神经网络的构建与训练

首先要进行的工作是使用 MATLAB 编写 RBF 神经网络的程序。这里使用 MATLAB 中的 newrb()函数对 RBF 神经网络的程序进行调用。使用 newrb()函数方便简捷，在训练过程中可以自发地对 RBF 神经网络的隐含层的神经元数量进行增加，减少了人为的误差，等到均方差满足精度条件或者神经元的数量等于所规定的数目后，便自动停止。

newrb()函数的定义为 newrb(p,t,goal,spread,mn,df)，各个参数的定义如下：

P 是指 Q 个输入向量的 $R \times Q$ 维矩阵，其中 $Q = 20$，$R = 3$；

T 是指 Q 个目标类别向量的 $S \times Q$ 维矩阵，其中 $S = 1$；

goal 是指期望的均方误差值，默认为 0.01；

spread 是指 RBF 函数的散布常数，默认为 200；

mn 是指神经元的最大数目，其中 $mn = 28$；

df 是指每次显示时增加的神经元数目，其中设为 2。

RBF 神经网络训练图如图 5-3 所示，训练样本分布图如图 5-4 所示。

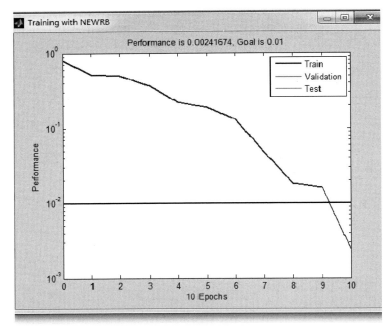

图 5-3　RBF 神经网络训练图

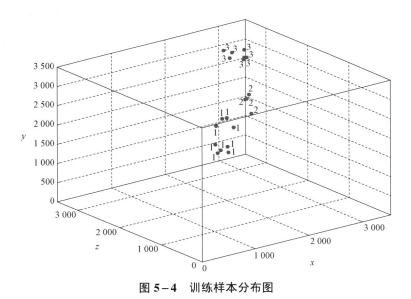

图 5-4　训练样本分布图

下面给出神经元逐渐增加的过程以及输出的均方误差（MSE）：

NEWRB，neurons＝0，MSE＝0.79

NEWRB，neurons＝2，MSE＝0.495 228

NEWRB，neurons＝4，MSE＝0.223 405

NEWRB，neurons＝6，MSE＝0.132 616

NEWRB，neurons＝8，MSE＝0.017 973 8

NEWRB，neurons＝10，MSE＝0.002 416 74

由此可以看出，经过不断的学习训练，随着神经元数目的逐渐增加，均方误差值在逐渐减小，当神经元增加到 10 时，MSE 已经小于 0.01，满足了精度要求。

经过不断训练，RBF 神经网络的输出结果如下：

$A=$

Columns 1 through 12

1.976 9	2.007 4	2.105 2	1.885 1	3.053 0	3.020 3
3.027 3	2.886 3	2.952 3	2.990 7	3.058 5	1.017 2

Columns 13 through 20

1.001 2	1.015 1	1.004 5	1.007 2	0.991 1	1.007 8
0.994 0	0.998 8				

对 A 经过近似化处理后，得到

$A=$ 2　2　2　2　3　3　3　3　3　3　3　1

　　 1　1　1　1　1　1　1　1

将训练后 RBF 神经网络对训练样本进行效能评估的结果进行对比，可以看出，其与目标结果基本吻合，表示 RBF 神经网络训练效果良好。

此时，RBF 神经网络已经训练完毕，其基本的功能已经具备，满足了对装备效能进行评估的要求，可以用来进行装备效能的评估工作了。

3. 实例仿真分析

选取一个兵团的演习数据，测试样本数据如表 5-2 所示。

表 5-2 测试样本数据

样本	演习 1	演习 2	演习 3
e_{11}	3 343	3 271	2 036
e_{12}	2 201	3 196	2 935
e_{13}	2 432	2 877	3 298
e_{21}	2 580	2 752	2 463
e_{22}	2 962	2 594	2 835
e_{23}	1 495	1 957	3 498
e_{24}	1 125	1 594	1 937
e_{31}	1 422	2 447	1 145
e_{32}	3 269	2 910	2 701
e_{33}	1 802	1 725	1 966
e_{34}	2 817	2 927	2 328
e_{41}	1 860	1 782	1 875
e_{42}	1 702	1 639	1 068
e_{43}	1 877	1 860	1 975
e_{44}	2 867	2 334	2 535
e_{45}	1 831	1 713	1 604
e_{46}	2 460	3 274	2 172
e_{51}	2 373	3 346	1 975
e_{52}	1 271	2 482	1 946
e_{53}	1 783	1 597	2 261

通过专家判断，判定该兵团的装备效能为"一般"。

继续运行程序，可得到测试样本的分类结果为

a=2.020 7 1.023 6 1.922 1 1.021 6 1.924 1 2.050 7 2.031 9

  2.020 7 1.086 2 1.007 7 1.020 9 1.012 4 1.020 4 1.009 2

  1.029 1 1.005 7 2.011 9 2.015 3 2.020 7 1.015 9

a 即为测试数据结果，对 a 进行近似处理可得到的最终结果为

$a=$ 2　1　2　1　2　2　2　2　1　1　1　1

　　　1　1　1　1　2　2　2　1

通过观察数据可以看出，结果在未经过处理之前均为小数。原因在于，虽然 RBF 神经网络能够以任意精度逼近连续函数，但对于复杂的联合作战中的作战数据来说，不能够做到完全逼近。通过计算，其装备效能为 $S=6.55$，显然数值位于 6～9，评估等级为"一般"。由此可见，RBF 神经网络的评估等级与专家的评定等级一致，该网络可以用来对装备效能进行评估。

装备效能评估的因素很多，要构建科学严谨完善的效能评估系统需要大量的研究人员进行长时间繁杂的工作，利用大量的试验数据，通过繁重的数据计算才能得到较为科学合理的结果。在现有的数据基础上，对装备效能的指标进行了层次结构分析，建立了相应的指标集。利用 RBF 神经网络对影响装备效能评估的主要因素进行了综合仿真，大大减少了评估过程中的主观性和盲目性，使效能评估的可靠性及准确性大大提高。

考虑影响联合作战的相关因素，选出其中具有决定性意义的因素作为装备效能评估体系的参数指标，构建装备效能评估模型。同时确定 RBF 神经网络的算法结构，构思 RBF 神经网络的训练过程。利用 MATLAB 语言编制了 RBF 神经网络的算法程序，选取好样本训练神经网络，用实际的军团作战性能指标检验训练后的神经网络，试验结果表明诊断率较高，验证了 RBF 神经网络对于装备效能评估完全可行。

第 **6** 章

多源信息融合评估

信息融合是现代信息技术与多学科交叉、综合、延拓产生的新的系统科学研究方向，其最大优势在于它能合理协调多源数据，充分综合有用信息，提高在多变环境中正确决策的能力。这种评估方法不仅是一种处理复杂效能数据的方法，也是建立和谐有效的人机协同效能数据处理环境的基础。

武器装备效能水平的高低，直接影响到武器装备效能的发挥，针对武器装备进行效能评估是非常必要且重要的。针对武器装备效能评估中出现的问题，利用多源信息融合技术对相同型号部件效能信息、相似型号部件效能信息进行融合，在此基础上结合少量的现场效能试验信息，对部件效能指标做出可信的评估。

利用贝叶斯方法完成××武器装备效能指标进行评估，验该方法的有效性和可行性。针对效能评估过程中多源效能信息的综合利用问题进行了深入研究，将信息融合的相关技术应用到多源效能信息的综合处理之中，以期得到更准确、更可靠的评估结果。信息融合技术以其自身的优势可以有效解决效能评估中多源信息综合利用的一些瓶颈问题。信息融合技术以其广阔的时空信息覆盖范围以及强大的信息综合和提取能力可以有效解决制约武器装备效能评估的一些瓶颈问题。

▮ 6.1　多源信息融合评估方法的基本理论

6.1.1　信息融合的定义

20 世纪 80 年代，Joint Directors of Labs 对数据融合做了以下定义：它是一种考虑了多方面以及多层次的技术，对来自多个来源的数据和信息进行自动检测、关联和组合，用于提升对物体状态和身份估计的正确性，以及对战场态势和威胁的重要等级做出恰当全面的评估[5]。这一定义虽然被广泛接受，但是场景约束性太强，主要是适用于军事领域。Bostrom 等基于以前工作中信息融合的优劣势，提出了关于信息融合新的定义："信息融合是将不同信息源的信息通过智能化分析转化为另一种表达的有效方式，为人类或自动的决策提供有效的支持。"

随着信息融合理论和技术的快速发展，减弱了信息融合最初较强的场景约束性。信息融合理论的基本原理是充分利用来自多个数据源（同一类型或者不同类型）的信息，将多源信息按照分析算法对其进行全面性的处理和关联，减少冗余，形成优势互补，这样就能对目标对象进行统一的解释和描述，因此，使结果更加可信和可靠，由于其特点，数据融合技术能够在不同领域中被灵活使用。

为了使武器装备能够遂行作战任务，保证部队的持续作战能力，武器装备必须具有较高的效能水平。装备的效能水平同装备的维修性、保障系统的特性以及保障资源的数量和配置等因素一起，是影响武器装备战备完好性和任务成功性的重要因素。信息融合技术以其自身的优势可以有效解决武器装备效能评估中多源信息处理的难题，它可以充分利用各种时空条件下多种信息源的效能信息，进行关联、处理和综合，以获得关于武器装备效能的更完整和更准确的判断信息，从而进一步形成对武器装备效能的可靠估计或预测。

6.1.2　信息融合评估的过程

在实际利用信息融合技术时，通常按照一般化的融合流程进行分析，如图 6－1 所示。

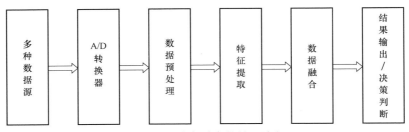

图 6-1　信息融合的处理流程

在无线传感器网络中，数据源采集的数据常常在自然状况下也会有正常的误差，如系统误差或者由于环境噪声造成的误差。所以，在对数据进行分析或处理之前，数据预处理是一项必然且重要的流程。为了保证数据的完整性和原始性，数据预处理主要包括插值、滤波等处理。特征提取的目的是进一步更好地融合处理，它表示了数据的关键性信息，去除了冗余特征，一般可以采用合适的规则和计算方式进行提取。当所有处理和特征提取结束后，根据场景需求选择合适的信息融合技术对特征进行融合处理，得到一个更可信、更准确的融合结果或者决策判断。

6.2　多源信息融合评估方法的模型

6.2.1　数学模型

效能信息是多源的，其多源性主要体现在两个方面：① 在武器装备生命周期的不同寿命阶段均存在着效能信息，武器装备生命周期中的一切效能活动都是效能信息的产生源；② 某一个寿命阶段的效能信息通常又来自不同信息源，如数据库、工程专家、效能试验等。对于武器装备复杂系统的效能评估而言，通常需要综合利用不同阶段、不同来源的效能信息。多源效能信息融合的实现有以下两种途径：一是融合武器装备同一个寿命阶段不同来源的效能信息；二是融合同一武器装备不同寿命阶段效能信息，在必要的时候，可以同时综合利用上述两类效能信息。据此，给出一种综合利用武器装备全寿命周期中各种相关效能信息进行可靠性评估的基本思路，如图 6-2 所示。

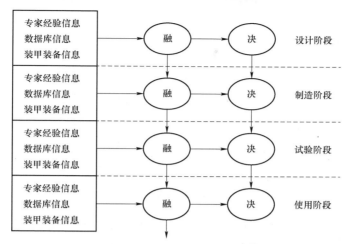

图 6-2　基于多源信息的可靠性评估基本思路

对于某一个特定寿命阶段的效能评估任务，在必要的情况下应充分利用所能收集到的相关效能信息，并采用适当的融合方法，如贝叶斯方法、加权平均法等进行融合处理，并根据融合结果做出最终的评估结论。同时，该寿命阶段的效能评估结果又可以作为下一阶段效能评估的输入，参与到下一阶段的效能评估工作中。当然，有必要的话，下一阶段的效能评估结果也可以参与到当前阶段的效能评估工作之中，但这种情况通常是比较少见的。

根据武器装备复杂系统效能评估的特点，图 6-2 给出了一种基于信息融合技术的效能评估方法的功能模型，主要包括信息收集、信息审查分类、信息一致性检验、信息前处理以及信息融合和最终决策等几个模块，如图 6-3 所示。

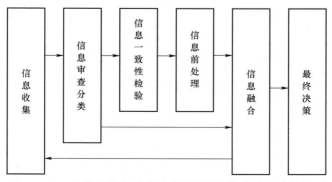

图 6-3　一种基于信息融合技术的效能评估方法的功能模型

6.2.2 评估算法

信息融合理论的一个重要方法就是贝叶斯融合理论。借助贝叶斯方法，可以有效综合效能先验信息和小样本试验数据，从而提高武器装备复杂系统的效能评估精度。贝叶斯理论起源于英国统计学家贝叶斯在 1763 年提交的关于二项分布中的逆概率问题，而后拉普拉斯（Laplace）对该定理进行了总结，提出了一般形式下的逆概率定理。目前，使用的就是经拉普拉斯改进后的贝叶斯定理。

设 $A_1, A_2, \cdots, A_n$ 为一完备事件组，B 为任意事件，且 $P(B) > 0$，有

$$\boldsymbol{P}(B \bigcap A_i) = \boldsymbol{P}(B)\boldsymbol{P}(A_i \mid B) = \boldsymbol{P}(A_i)\boldsymbol{P}(B \mid A_i) \tag{6.1}$$

$$\boldsymbol{P}(B) = \sum_{i=1}^{n} \boldsymbol{P}(A_i)\boldsymbol{P}(B \mid A_i) \tag{6.2}$$

则

$$\boldsymbol{P}(A_i \mid B) = \frac{\boldsymbol{P}(A_i)\boldsymbol{P}(B \mid A_i)}{\sum\limits_{i=1}^{n} \boldsymbol{P}(A_i)\boldsymbol{P}(B \mid A_i)} \tag{6.3}$$

上式是离散型随机变量的贝叶斯公式。$\boldsymbol{P}(A_i)$ 称为先验概率，它来源于根据以往的经验所做出的统计推断，在本次试验之前就已经确定。现在，若试验产生了 B，这个信息将有助于我们判断根据以往的经验所做出的统计推断（先验概率）的合理性。条件概率 $\boldsymbol{P}(A_i \mid B)$ 称为后验概率，它反映了试验之后，人们对产生事件 B 的原因 A_i 的作用程度的新看法。

对于连续型随机变量，可推导出类似的公式。设随机变量 X，θ 的联合概率密度函数为 $f(x, \theta)$，由概率论可知

$$f(x, \theta) = \pi(\theta)p(x \mid \theta) = p(x)\pi(\theta \mid x) \tag{6.4}$$

$$p(x) = \int_{\Theta} \pi(\theta)p(x \mid \theta)\mathrm{d}\theta \tag{6.5}$$

则

$$\pi(\theta \mid x) = \frac{\pi(\theta)p(x \mid \theta)}{\int\limits_{\Theta} \pi(\theta)p(x \mid \theta)\mathrm{d}\theta} \tag{6.6}$$

上式即为连续型随机变量的贝叶斯公式, 其中, Θ 为随机变量 θ 的论域, $\pi(\theta)$ 为先验密度函数, $p(x,\theta)$ 为条件密度函数, 也称为似然函数。

贝叶斯学派的最基本的观点是: 任一个未知量 θ 都可看作一个随机变量, 应该用一个概率分布去描述对 θ 的未知状况。即使是一个几乎不变的未知量, 用一个概率分布去描述它的不确定性也是十分合理的。贝叶斯融合方法的基本思想是: 首先将试验之前对未知随机变量 θ 的相关信息用一个概率分布去描述, 这个分布称为先验分布, 先验分布 $\pi(\theta)$ 概括了试验者在试验之前 (获得样本 X 之前) 对随机变量 θ 的了解或无知的程度; 在获得试验数据后, 根据试验数据可以构造一个似然函数 $p(x,\theta)$, 习惯上将似然函数记为 $L(\theta,x)$ 。于是贝叶斯公式可写为

$$g(\theta\mid x)=cL(\theta\mid x)\pi(\theta) \tag{6.7}$$

或

$$g(\theta\mid x)\propto L(\theta\mid x)\pi(\theta) \tag{6.8}$$

该式表明, 根据先验分布和样本数据的似然函数可以得到 θ 的一个密度函数 $g(\theta,x)$, 而且 $g(\theta,x)$ 与先验分布和似然函数的乘积成正比。由于先验分布代表了先验信息, 似然函数代表了样本信息, 因此 $g(\theta,x)$ 综合了 θ 的先验信息和样本带来的关于 θ 的新信息, 即 $g(\theta,x)$ 是在得到样本 X 的条件下, 试验者对 θ 的重新认识, 称为 θ 的后验分布。

通过贝叶斯方法融合先验信息和试验数据得到的融合结果——后验分布是贝叶斯学派进行统计推断的基础, 利用后验分布可以对未知变量进行统计推断, 贝叶斯融合方法的实现过程如图 6-4 所示。

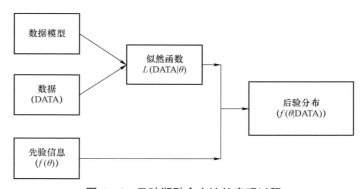

图 6-4　贝叶斯融合方法的实现过程

图 6-4 表明，对武器装备效能进行评估时，通过建立可靠的概率模型，利用概率的方法来处理所有信息的不确定性问题，运用贝叶斯公式来融合多个信息源，最终可以得到融合后的先验分布。

设未知分布参数为 θ，从不同信息源获取到该参数的估计值分别为 $x_1, x_2, \cdots, x_n$。假设决策者对参数 θ 有初始先验分布 $\pi(\theta)$，在没有任何相关信息的情况下可采用无信息先验分布，则通过贝叶斯方法可将不同信息源的信息进行融合得到最终的先验分布

$$\pi(\theta \mid x_1, x_2, \cdots, x_n) = \frac{\pi(\theta)L(x_1, x_2, \cdots, x_n \mid \theta)}{\int \pi(\theta)L(x_1, x_2, \cdots, x_n \mid \theta)\mathrm{d}\theta} \tag{6.9}$$

贝叶斯融合方法的关键在于似然函数 $L(x_1, x_2, \cdots, x_n \mid \theta)$ 的计算，即

$$L(x_1, x_2, \cdots x_n \mid \theta) = \prod_{i=1}^{n} f(x_i \mid \theta) \tag{6.10}$$

即对未知分布参数建立一般性的概率模型 f，f 的确定需要对武器装备效能评估深入了解并充分考虑工程经验和客观信息，不能一概而论。

■ 6.3 多源信息融合评估的特点及应用范围

6.3.1 评估特点

多源信息融合是一种多层次、多方面的处理过程，包括对多源数据进行检测、相关、组合和估计，从而提高状态和身份估计的精度，以及对战场态势和威胁的重要程度进行实时完整的评估。简单地说，多源信息融合就是对多源信息进行综合处理，从而得出更为准确、可靠的结论。例如，我们感知天气：首先通过我们的体表感觉温度的高低，通过眼睛观察天气的晴朗或阴雨，通过耳朵听风的大小；然后将这些信息通过大脑的综合处理，对天气有一个总体的感知定位。

多源数据融合的发展还处在一个初期阶段，在各个方面还需要发展完善。急需解决的几个关键问题主要有数据对准，即将时域上不同步，空间上属于不同坐标系的多源观测数据进行时空对准，从而将多源数据纳入一个统一的参考框架中，

为数据融合的后期工作做铺垫；数据关联，将隶属于同一个数据源的数据组合在一起，主要处理分类和组合问题；如何处理观测数据的不确定性，如还有噪声；如何处理不完整、不一致、虚假的数据等。

6.3.2　应用范围

信息融合技术越来越受到人们的重视，这是因为它在信息处理方面具有一定的优势：增强系统的生存能力，也就是防破坏能力，改善系统的可靠性；可以在时间、空间上扩展覆盖范围；提高可信度，降低信息的模糊度，如可以使多传感器对同一目标或时间加以确定；提高空间分辨率，多传感器信息的合成可以获得比任意单传感器更高的分辨率；增加了测量空间的维数，从而使系统不易受到破坏。

多源数据融合主要用到的技术方法有信号处理与估计理论方法、统计推断方法、信息论方法、决策论方法、人工智能方法等。信号处理与估计理论方法包括卡尔曼滤波、最小二乘法、小波变换等。统计推断法包括贝叶斯推理、随机理论等。信息论方法有熵方法等。决策论方法一般用于决策融合。人工智能方法包括模糊逻辑、神经网络等。

多源信息融合在各个领域都有着广泛的应用。如军事上进行战场监视、图像融合，包含医学图像融合、工业智能机器人（对图像、声音、电磁等数据进行融合，以进行推理，从而完成任务）、空中交通管制（由导航设备、监视和控制设备、通信设备和人员四部分组成）、工业过程监控（过程诊断）、刑侦（将人的生物特征如指纹、虹膜、人脸、声音等信息进行融合，可提高对人身份识别的能力）、遥感等。

■ 6.4　应用案例——基于多源信息融合的装备效能评估

以下研究的××武器装备的效能数据来源于武器装备的定型试验，该试验分 4 台样车在不同地点、不同试验场地同时进行试验。结合试验数据，利用多源信息融合技术对××武器装备效能进行评估。

6.4.1　数据采集

假设不考虑环境因素对维修时间的影响，已知有以下型号部件历史试验数据和现场试验数据（单位：h）。

历史数据：

0.20	0.10	0.20	0.10	0.20	0.50	0.90	0.35	1.00	1.50	0.40	0.10
0.35	0.10	0.50	0.40	0.20	0.10	1.10	0.50	0.75	0.75	0.40	0.30
0.65	2.00	0.50	0.40	2.00	0.50	0.10	0.20	0.10	0.50	0.30	0.50
0.55	0.70	0.30	1.50	0.50	0.10	0.10	0.35	0.10	0.10	0.65	0.10
0.20	1.00										

现场数据：

0.80	0.40	0.05	0.10	0.05	0.40	0.00	0.15	0.10	1.00	0.05	1.50
0.60	0.75	0.55	0.00	0.20	1.50	0.20	0.80	0.40	2.50	2.00	

6.4.2　试验数据的预处理

针对历史数据和现场数据，采用试验数据预处理方法对其进行初步的处理。

（1）剔除历史数据和现场数据中由于以下情况产生的异常数据：不是由于承制方提供的使用方法或技术文件造成的差错和使用差错；意外损伤的修复；明显超出承制方责任的供应与管理延误；使用超出正常配置的测试仪器的测试；在作业实施过程中发生的非正常的测试仪器安装；武器装备改进工作。在提供的历史数据和现场数据中，对于上述情况所产生的异常数据，已经在数据的记录过程中经过筛选，进行了排除，因此直接进入第二步。

（2）采用格拉布斯（Grubbs）法处理可疑值。有

$$S = \sqrt{\frac{(X - X_i)^2}{n - 1}} \tag{6.11}$$

式中，n 为试验次数，n 较大时 $\dfrac{n}{(n-1)}$ 近似为 1，可用 $\dfrac{1}{n}$ 代替式中 $\dfrac{n}{(n-1)}$ X_i、X 为各测量值及均值。

计算出历史数据的标准差：0.461 1，现场数据的标准差：0.676 5。

采用格拉布斯法处理数据，得出处理结果（ $\beta = 0.95$ ）：

$$\lambda(\beta, n)S = 2.956 * 0.461 1 = 1.363 0 \qquad (6.12)$$

现场数据：

$$\lambda(\beta, n)S = 2.644 * 0.676 5 = 1.788 7 \qquad (6.13)$$

通过式 $|X_i - \bar{X}| > \lambda(\beta, n)S$ 筛选，得出历史数据及现场数据的处理结果如下（剔除两个数据 2.00）：

0.20　0.10　0.20　0.10　0.20　0.50　0.90　0.35　1.00　1.50　0.40　0.10

0.35　0.10　0.50　0.40　0.20　0.10　1.10　0.50　0.75　0.75　0.40　0.30

0.65　2.00　0.50　0.40　2.00　0.50　0.10　0.50　0.50　0.50　0.30　0.50

0.55　0.70　0.30　1.50　0.50　0.10　0.10　0.35　0.10　0.10　0.65　0.10

0.20　1.00

现场数据：

0.80　0.40　0.05　0.10　0.05　0.40　0.00　0.15　0.10　1.00　0.05　1.50

0.60　0.75　0.55　0.00　0.20　1.50　0.20　0.80　0.40　2.50　2.00

此外，对于遗失数据的处理，可以采用插补法进行处理，在此实例中所提供数据为完备数据，因此无须进行遗失数据处理。至此，历史数据和现场数据预处理完毕。

6.4.3　试验信息的融合

根据处理后的历史数据和现场数据，采用自助法对现场数据进行仿真，解决现场样本量不足带来的划分子集的困难，而后计算继承因子，实现历史数据与现场数据的融合。

将仿真后的试验数据划分为两两不相交的子集，并统计历史数据落在每个子集中的频数，如表 6-1 所示。

表 6-1 训练频数表

序号	区间	历史数据频数 m	现场数据频率 p_i
1	0.0~0.2	18	0.478 3
2	0.2~0.4	10	0.130 4
3	0.4~0.6	9	0.087 0
4	0.6~0.8	5	0.130 4
5	0.8~1.0	3	0.043 5
6	1.0~1.2	1	0
7	1.2~1.4	0	0
8	1.4~1.6	2	0.087 0
9	1.6~1.8	0	0
10	1.8~3.0	0	0.043 5
总计		48	1.0

由

$$K_n = \sum_{i=1}^{r} \frac{n}{p_i}\left(\frac{m_i}{n} - p_i\right)^2 = \sum_{i=1}^{r} \frac{(m_i - np_i)^2}{np_i} \qquad (6.14)$$

计算出 K_n，并判断 K_n 是否落在由式 $W = \{K_n \geqslant \chi_\alpha^2(r-1)\}$ 所得出的拒绝域中（ $\alpha = 0.05$ ），即

$$K = 3.239\,0 < \chi_{0.05}^2(9) = 16.919 \qquad (6.15)$$

因此 K 在拒绝域外。

由

$$\rho_j = 1 - \frac{K_{nj}}{K_{n1} + K_{n2} + \cdots + K_{nN}} \qquad (6.16)$$

计算出信息源 j 的权重即继承因子 ρ_j ，即

$$\rho_j = 1 - \frac{K_{n1}}{K_{n1} + K_{n2}} = 0.670\,8 \qquad (6.17)$$

根据计算出的权重实现信息融合，得到融合先验分布 $\pi(\theta)$。

6.4.4　效能评估

利用验前分布确定方法得出，现场试验信息的分布均为对数正态分布，结合现场样本 X，通过贝叶斯公式计算分布参数 θ 的验后密度 $\pi(\theta|X)$，即

$$\pi(\theta\,|\,X) = \frac{f(X\,|\,\theta)\pi(\theta)}{\int\limits_{\Theta} f(X\,|\,\theta)\pi(\theta)\mathrm{d}\theta} \tag{6.18}$$

利用上式可得 θ 验后密度为

$$\pi(\theta\,|\,X) = \frac{1}{m(X\,|\,\pi)}\pi(\theta)f(X\,|\,\theta) \tag{6.19}$$

其中，

$$m(X\,|\,\pi) = \int\limits_{\Theta} f(X\,|\,\theta)\,\pi(\theta)\mathrm{d}\theta \tag{6.20}$$

为 X 的边缘密度。

计算对数均值和对数方差的点估计和区间估计，计算结果如表 6-2 所示。

表 6-2　点估计和区间估计的计算结果

参数	μ	σ^2
点估计	-1.079 3	1.016 2
单侧置信上限	-0.630 9	1.007 9
置信区间	[-0.549 6, 1.502 4]	[0.939 1, 3.045 3]

显然，贝叶斯融合方法在经典方法结论的基础上加入验前信息进行修正，在试验样本量少的情况下，完成了武器装备的效能评估，并且具有较高的评估精度。

针对武器装备效能评估过程中多源效能信息的综合利用问题进行了深入研究，将信息融合的相关技术应用到多源效能信息的综合处理之中，解决了××武器装备效能指标评估问题。试验结果表明，通过融合试验信息，解决了现场试验

信息不足和现场样本量不够的问题。与经典方法相比较，节约了试验成本，且充分利用了历史试验信息，提高了评估的精确度，有效地解决了模糊先验信息与小样本试验数据的融合难题，验证了多源信息融合在武器装备评估中的有效性。信息融合技术的应用必将推动效能评估技术的发展，进而促使复杂系统的效能水平得到长足进步。

第 7 章

物元分析法

　　物元分析法是 20 世纪 80 年代以广东工业大学蔡文副教授为首的中国学者创立的一门新兴学科，《可拓集合和不相容问题》的发表是物元分析法诞生的标志，主要以研究促进事物转化，解决不相容问题为核心内容。通俗地说，它是研究人们"出点子、想办法"的规律、理论和方法的学科，是系统科学、思维科学和数学交叉的边缘学科，能够广泛应用于各个领域，具有极高的适用性。

　　数学工具和物元理论是物元分析法的两大支柱。区别于传统数学工具，物元分析法的数学工具是建立在可拓几何上的可拓数学。可拓数学与经典数学、模糊数学既有联系又有区别，经典数学和模糊数学针对事物的数量关系着重强数理演绎，而可拓数学不仅研究事物间的数量关系，还拓展到了现实中的不相容问题，采用最大限度满足主系统、主条件，其他系统则采取系统物元变换、结构变换等方法，化不相容问题为相容问题，使问题得到合理解决。物元分析法具有发散性、可拓性、相关性和蕴含性，使物元分析法能够进行物元变换寻找解决不相容问题的方法。

　　物元分析既然是专门研究如何处理难题的人脑思维的一种模型，因此，它将参与人工智能及与人工智能相关的学科，也要参与到诸如军事决策、经济计划、企业管理、过程控制等这些大量出现不相容问题的部门中。近年来，物元分析已取得了许多较好的应用成果。例如，用可拓决策方法制定某地区环境保护投资的决策方案；提出新产品构思的创造去；把物元分析与价值工程相结合，为工厂制定提高经济效益的有关方案等。

■ 7.1 物元分析法的基本理论

7.1.1 物元及物元分析

物元是描述事物的基本元素的简称，由事物、特征和量值三个要素所构成。严格地说，以有序的三元组作为描述事物的基本元（简称为物元），即

$$\boldsymbol{R} = (N, c, v) \tag{7.1}$$

式中，N 表示事物的名称；c 表示事物的特征；v 表示特征 c 的量值。同时，把事物的名称、特征和量值称为物元的三要素。

一个事物有多个特征，如果事物 N 以 n 个特征 $c_1, c_2, \cdots, c_n$ 和相应的量值 $v_1, v_2, \cdots, v_n$ 来描述，则表示为

$$\boldsymbol{R} = \begin{pmatrix} N & c_1 & v_1 \\ & c_2 & v_2 \\ & \vdots & \vdots \\ & c_n & v_n \end{pmatrix} = \begin{pmatrix} R_1 \\ R_2 \\ \vdots \\ R_n \end{pmatrix} \tag{7.2}$$

这时，$\boldsymbol{R}$ 为 n 维物元，简记为 $\boldsymbol{R} = (N, c, v)$，并称 $\boldsymbol{R}_i = (N, c_i, v_i)(i =, 2, 3, \cdots, n)$ 为 $\boldsymbol{R}$ 的分物元。

物元分析是研究物元及其变化，并用于解决不相容问题的规律和方法，是思维科学、系统科学、数学的交叉学科。经典数学是描述人脑思维按形式逻辑处理问题的工具，模糊数学是描述人脑思维处理模糊性信息的工具，而物元分析是描述人脑思维"出点子、想办法"处理不相容问题的工具，它带有很浓的人工智能色彩，可以应用于自然科学，也可以应用于社会科学。物元分析本身不是数学的一个分支，在它的数学描述系统中还需要保留一定的开放环节，在这些环节中人脑思维与客观实际要发挥作用。它的数学工具构建基于可拓集合论，可拓集合论在经典数学和模糊数学的基础上发展起来而又有别于它们，经典数学的逻辑基础

是形式逻辑，模糊数学的逻辑基础是模糊逻辑，而可拓集合论的逻辑基础是形式逻辑与辩证逻辑相结合。

7.1.2 可拓集合

现实生活中很多问题都具有矛盾性，无法用数学方法描述。为了解决不相容问题，蔡文副教授提出了物元分析法，可拓集合是物元分析法的基础。集合是由某种特定性质的具体或抽象对象汇总而成的，经典集合用 0 和 1 描述事物是否具有某种性质，模糊集合用 0 到 1 表示事物具有某种性质的程度轻重。可拓集合就是在经典集合和模糊集合的研究基础上，为了更好地描述事物的性质可变性而提出的。可拓集合是形式化、定量化解决不相容问题的有效工具，可拓集合用所有实数描述事物具有某种性质的程度，事物具有某种性质就表示为正实数，不具有这种性质就表示为负实数，既具有又不具有某种性质的就表示为 0。

可拓集合的定义为：给定一个非空集合 U，对 U 中任意元素 u，都有 $K(u) \in (-\infty, +\infty)$ 与之相对应，则称 $\tilde{A} = \{(u, y) \mid u \in U, y = K(u) \in (-\infty, +\infty)\}$ 为非空集合 U 上的可拓集合，$y = K(u)$ 为 $\tilde{A}$ 的关联函数，$K(u)$ 为 $\tilde{A}$ 的关联度，则有以下关系：

$$A = \{u \mid u \in U, K(u) \geqslant 0\} \text{ 为 } \tilde{A} \text{ 的正域}$$
$$\overline{A} = \{u \mid u \in U, K(u) \leqslant 0\} \text{ 为 } \tilde{A} \text{ 的负域} \qquad (7.3)$$
$$J_0 = \{u \mid u \in U, K(u) = 0\} \text{ 为 } \tilde{A} \text{ 的零界}$$

在经典数学理论中点与点之间是距离，而将其拓展，点与区间之间的距离就定义为距。这里的区间是开区间 (a,b)、闭区间 $[a,b]$ 和半开半闭区间 $[a,b], (a,b]$ 的统称，表示为 $<a,b>$。

（1）点与点之间的距。实轴上存在任意两点 x, y，则 x, y 之间的距离为 $\rho(x, y) = |x - y|$，且 $\rho(x, y) = \rho(y, x)$，当 $x = y$ 时，$\rho(x, y) = 0$。

（2）点与区间之间的距。点 x_0 与有限实区间 $X = <a,b>$ 之间的距为

$$\rho(x_0, X) = \left| x_0 - \frac{a+b}{2} \right| - \left(\frac{b-a}{2} \right) = \begin{cases} a - x_0, x_0 < \dfrac{a+b}{2} \\ x_0 - b, x_0 \geqslant \dfrac{a+b}{2} \end{cases} \qquad (7.4)$$

▪ 7.2　物元分析评估方法的实现与步骤

物元分析的步骤是将评估对象视为一个物元,对物元的每个特征值进行量化;确定评估的等级;确定各等级的经典域和各特征的节域;计算物元与每一个评估等级的关联度,利用关联度排序即可对各个方案进行排序。

1. 确定物元

给定事物的名称 N,关于它的特征 c 的量值 v,构成有序三元组

$$\boldsymbol{R} = (N, c, v) \tag{7.5}$$

作为描述事物的基本元,简称为物元。

一个事物有多个特征,如果事物 N 以 n 个特征 $c_1, c_2, \cdots, c_n$ 和相应的量值 $v_1, v_2, \cdots, v_n$ 来描述,则表示为

$$\boldsymbol{R} = \begin{pmatrix} N & c_1 & v_1 \\ & c_2 & v_2 \\ & \vdots & \vdots \\ & c_n & v_n \end{pmatrix} = \begin{pmatrix} R_1 \\ R_2 \\ \vdots \\ R_n \end{pmatrix} \tag{7.6}$$

式中,$\boldsymbol{R}$ 为 n 维物元,简记为 $\boldsymbol{R} = (N, c, v)$,并称 $R_i = (N, c_i, v_i)(i =, 2, 3, \cdots, n)$ 为 $\boldsymbol{R}$ 的分物元。

例如,对于某轮式装甲车而言,$\boldsymbol{R} =$(快速性能,公路行驶速度 50 km/h)表示快速性能为一元一维的物元;某履带式装甲车的机动能力中的快速性能,是一个一元三维物元,可表示为

$$\boldsymbol{R} = \begin{pmatrix} \text{快速性能,平均越野速度,} & 35 \text{ km/h} \\ \text{平均公路速度,} & 60 \text{ km/h} \\ \text{加速性能,} & 7 \text{ s(从 0 到 35 km/h 所需的时间)} \end{pmatrix} \tag{7.7}$$

2. 方案物元的描述

对于一种具体的方案而言,其特征就是各项指标以及相应的指标值,如果第 j 种方案有 n 项指标,各指标对应值为 $\otimes_{ji}(i = 1, 2, \cdots, n; j = 1, 2, \cdots, m)$,则第 j 种方案的 n 维物元,记为 $\otimes R_{jn}$:

$$\otimes R_{jn} = \begin{pmatrix} & M_j \\ c_1 & \otimes_{j1} \\ c_2 & \otimes_{j2} \\ \vdots & \vdots \\ c_n & \otimes_{jn} \end{pmatrix} \qquad (7.8)$$

式中，M_j 为第 j 种方案；c_j 为第 j 种方案第 i 个评估指标，与其相对应的指标值为 $\otimes_{ji}$ $(i = 1, 2, \cdots, n; j = 1, 2, \cdots, m)$。

为了分析方便，常把 m 个方案的 n 维物元组合在一起，称这种方案物元为 m 种方案的 n 维复合物元，以 $\otimes R_{mn}$ 表示，这里第一个下标表示方案的个数，第二个下标表示方案评估指标的个数，则

$$\otimes R_{mn} = \begin{pmatrix} & M_1 & M_2 & \cdots & M_m \\ c_1 & \otimes_{11} & \otimes_{21} & \cdots & \otimes_{m1} \\ c_2 & \otimes_{12} & \otimes_{22} & \cdots & \otimes_{m2} \\ \vdots & \vdots & \vdots & & \vdots \\ c_n & \otimes_{1n} & \otimes_{2n} & \cdots & \otimes_{mn} \end{pmatrix} \qquad (7.9)$$

以各个特征（指标）的最优状态（最优值）作为比较的标准，或者在指标数据中选择相对最优的各项指标值作为比较的标准，进而构成一个 n 维的理想物元，记为 $\otimes R_0$：

$$\otimes R_0 = \begin{pmatrix} & M_0 \\ c_1 & \otimes_{01} \\ c_2 & \otimes_{02} \\ \vdots & \vdots \\ c_n & \otimes_{0n} \end{pmatrix} \qquad (7.10)$$

式中，M_0 为理想方案；$\otimes_{0i}$ $(i = 1, 2, \cdots, n)$ 为第 i 项评估指标相应值的一个最大值、最小值或者适中值，这个值一般由相对优化原则来确定。

3. 相对优化原则

相对优化原则是构造理想方案 n 维物元的依据，有三种类型。

（1）越大越优型（效益型指标）：$\otimes R_{0j} = \otimes_{1j} \vee \otimes_{2j} \vee \cdots \vee \otimes_{mj}$ $(j = 1, 2, \cdots, n)$；

（2）越小越优型（成本型指标）：$\otimes R_{0j} = \otimes_{1j} \wedge \otimes_{2j} \wedge \cdots \wedge \otimes_{mj}$ $(j = 1, 2, \cdots, n)$；

（3）适中型（适中型指标）：$\otimes R_{0j} = u_{ji}$。

上述三种类型中：$\vee, \wedge$ 为取大、取小的运算符号；u_{ji} 为第 j 个方案第 i 个评估指标某一特定值，即适中值。

4. 数据变换

由于各项评估指标的物理意义不同，导致数据的量纲和数量级也不相同，有必要对原始数据进行处理，使之无量纲化。数据变换常用的方法一般需要采用区间值化处理，并与相对优化原理相对应的有以下三种形式：

$$\text{效益型} \otimes'_{ji} = \frac{\otimes_{ji} - \min\otimes_{ji}}{\max\otimes_{ji} - \min\otimes_{ji}}, i = 1, 2, \cdots n, j = 1, 2, \cdots, m$$

$$\text{成本型} \otimes'_{ji} = \frac{\max\otimes_{ji} - \otimes_{ji}}{\max\otimes_{ji} - \min\otimes_{ji}}, i = 1, 2, \cdots n, j = 1, 2, \cdots, m \quad （7.11）$$

$$\text{适中型} \otimes'_{ji} = \frac{\min(\otimes_{ji} - u_{ji})}{\max(\otimes_{ji} - u_{ji})}, i = 1, 2, \cdots n, j = 1, 2, \cdots, m$$

式中，$\otimes'_{ji}$ 为经数据变换后第 j 个方案第 i 个评估指标相应的无量纲值；$\max\otimes_{ji}, \min\otimes_{ji}$ 为第 j 个方案第 i 个指标值 $\otimes_{ji}$ 中的最大值和最小值；u_{ji} 为第 j 个方案第 i 个指标相应的无量纲值，即指定的适中值。

5. 关联度分析

关联度是指各方案与理想方案关联性大小的度量。若以 $\otimes R_\zeta$ 表示 m 个方案 n 维关联系数复合物元，可构造关联系数物元为

$$\otimes R_\zeta = \begin{pmatrix} & M_1 & M_2 & \cdots & M_m \\ c_1 & \otimes\zeta_{11} & \otimes\zeta_{21} & \cdots & \otimes\zeta_{m1} \\ c_2 & \otimes\zeta_{12} & \otimes\zeta_{22} & \cdots & \otimes\zeta_{m2} \\ \vdots & \vdots & \vdots & & \vdots \\ c_n & \otimes\zeta_{1n} & \otimes\zeta_{2n} & \cdots & \otimes\zeta_{mn} \end{pmatrix} \quad （7.12）$$

式中，$\otimes\zeta_{ji}(i = 1, 2, \cdots, n, j = 1, 2, \cdots, m)$ 为经数据变换后第 j 个方案第 i 个评估指标相应的关联系数，可用下式计算：

$$\otimes\zeta_{ji} = \frac{\Delta\min + \rho\Delta\max}{\Delta_{ji} + \rho\Delta\max}, i = 1, 2, \cdots, n, j = 1, 2, \cdots m \quad （7.13）$$

式中，Δ_{ji} 为理想方案与第 j 个方案第 i 个评估指标数据变换为无量纲化值的绝对

值，可表示为

$$\Delta_{ji} = \left| \otimes_{0i}' - \otimes_{ji}' \right|, i = 1,2,\cdots n, j = 1,2,\cdots m \tag{7.14}$$

式中，$\Delta\max, \Delta\min$ 为绝对值差 Δ_{ji} 中的最大值和最小值，由于进行比较的个方案的评估指数列经过变换后一般相互相交，故有时有 $\Delta\min = 0$；ρ 为分辨系数，一般为 0.1～0.5，通常取$\rho = 0.5$；其余符号的含义同前。

6. 计算关联度

为了反映方案与理想方案在全过程中的关联程度，不致使关联系数过于分散，有必要把分散的各关联系数集中为一个数值，此值就是关联度，以便于在整体上进行比较。因此对于各关联系数进行加权平均进行处理，可得

$$\otimes R_k = R_w * \otimes R_\zeta \tag{7.15}$$

式中，$\otimes R_k$ 为关联度物元；*为关联度运算符号，表示在二元中对应项先乘后加的含义；R_w 为各事物各项指标的权重。

若以 w_i 表示每一事物第 i 项特征的权重，若考虑权重相等，则

$$R_w = \begin{pmatrix} & M_1 & M_2 & \cdots & M_m \\ w_i & w_1 = \dfrac{1}{n} & w_2 = \dfrac{1}{n} & \cdots & w_n = \dfrac{1}{n} \end{pmatrix} \tag{7.16}$$

将其代入上式可计算关联度为

$$\otimes R_k = \begin{pmatrix} & M_1 & M_2 & \cdots & M_m \\ c_i & c_1 = \dfrac{1}{n}\sum_{i=1}^{n}\otimes(\zeta_{1j}) & c_2 = \dfrac{1}{n}\sum_{i=1}^{n}\otimes(\zeta_{2j}) & \cdots & c_n = \dfrac{1}{n}\sum_{i=1}^{n}\otimes(\zeta_{mj}) \end{pmatrix} \tag{7.17}$$

式中，n 为各方案评估指标的个数。

7. 优劣排序

从关联物元中按照上述计算的 m 个方案关联度的大小进行排序。

7.3　物元分析评估方法的特点及使用范围

物元分析法不是单纯地考虑数量关系的变换和优化，它首先是最大限度地满足主系统主目标的要求，对次系统中的不相容问题进行系统物元变换及结构变换，

在一定条件下把它们转换为相容（不矛盾）问题，从而在全局中获得最优策略和决策。另外，物元分析法中没有过于复杂的公式，计算过程相对简单，物元中的距等定义可以精确地将指标与评估区间的关系定量表示出来，进而得知指标与评估区间的符合程度，有利于做出最优决策和评估。

物元分析法适用于存在或者通过指标设定出理想方案的评估对象，适用于解决矛盾问题的评估，用相关的关联函数分析决策对象各子系统间的矛盾性和相容性，用物元变换将不相容问题转化为相容问题，并且开拓出有关的决策策略集和关联决策集，从而为决策者提供辅助决策的功能。

■ 7.4　应用案例——炮兵信息化作战能力评估的应用

1. 构建炮兵信息化作战能力评估指标体系

构建多层次、多指标的炮兵信息化作战能力评估指标体系，其一级指标包括一体化战场感知能力 C_1，网络化指挥控制能力 C_2，精确化火力打击能力 C_3，立体化机动部署能力 C_4，全频谱信息作战能力 C_5，以及集约化综合保障能力 C_6。其二、三级指标如图 7-1 所示。

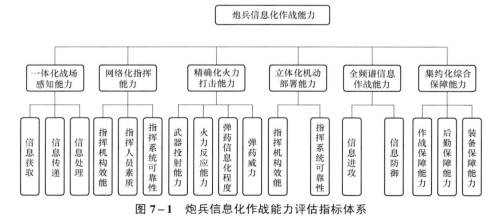

图 7-1　炮兵信息化作战能力评估指标体系

采用物元分析理论构建炮兵部队信息化作战能力评估模型，对于评估指标体系中各指标的归一化问题，引入 1~9 标度法，将定性分析统一用定量数字来刻画。各级标度代表的含义如表 7-1 所示。对于逆向指标，可取其倒数转化为正向指标。

表 7-1 标度划分表

定义	很差	较差	一般	较高	很高	相邻定义
标度	1.0	3.0	5.0	7.0	9.0	2.0 4.0 6.0 8.0

2. 划分经典域和节域

根据评估要求，将各评估指标划分成较低 E_1、一般 E_2，较高 E_3，很高 E_4 四个等级，对于一体化战场感知能力各等级的经典域和节域表示如下：

$$R_1 = \begin{pmatrix} E_1 & C_{11} & (1.0,3.0) \\ & C_{12} & (1.0,3.0) \\ & C_{13} & (1.0,3.0) \end{pmatrix}, \quad R_2 = \begin{pmatrix} E_2 & C_{11} & (3.0,5.0) \\ & C_{12} & (3.0,5.0) \\ & C_{13} & (3.0,5.0) \end{pmatrix},$$

$$R_3 = \begin{pmatrix} E_3 & C_{11} & (5.0,7.0) \\ & C_{12} & (5.0,7.0) \\ & C_{13} & (5.0,7.0) \end{pmatrix}, \quad R_4 = \begin{pmatrix} E_4 & C_{11} & (7.0,9.0) \\ & C_{12} & (7.0,9.0) \\ & C_{13} & (7.0,9.0) \end{pmatrix} \quad (7.18)$$

$$R_p = \begin{pmatrix} p & C_{11} & (1.0,9.0) \\ & C_{12} & (1.0,9.0) \\ & C_{13} & (1.0,9.0) \end{pmatrix}$$

3. 距和关联函数

为定量描述物元特征，下面给出距的概念，其计算公式分别为

$$\rho(v_i, V_{ij}) = \left| v_i - \frac{a_{ij} + b_{ij}}{2} \right| - \left(\frac{b_{ij} - a_{ij}}{2} \right), i = 1, 2, \cdots, n \quad (7.19)$$

$$\rho(v_i, V_{in}) = \left| v_i - \frac{a_{in} + b_{in}}{2} \right| - \left(\frac{b_{in} - a_{in}}{2} \right), i = 1, 2, \cdots, n \quad (7.20)$$

关联函数是表示物元的量值为实数轴上一点时，物元符合要求的取值范围程度，其计算公式为

$$K_j(v_i) = \begin{cases} \dfrac{-\rho(v_i, V_{ij})}{|V_{ij}|}, & v_i \in V_{ij} \\[3mm] \dfrac{\rho(v_i, V_{ij})}{\rho(v_i, V_{in}) - \rho(v_i, V_{ij})}, & v_i \notin V_{ij} \end{cases} \quad (7.21)$$

式中，v_i为指标实测值；$K_j(v_i)$为评估指标i第j级别的关联函数。最终可计算第j级别的关联度计算公式

$$K_j(N) = \sum_{i=1}^{n} W_i K_j(v_i) \tag{7.22}$$

式中，W_i为第i个评估指标的相对重要程度，即权重。

4. 评估计算

设评估对象为某炮团的信息化作战能力，根据部队的人员、编制、装备及训练等实际情况，由专家评分的方式得到二级指标的度量值，同时利用改进的层次分析法构造权重判断矩阵，计算一级指标关于评估对象的相对权重及二级指标关于一级指标的相对权重，如表7-2所示。

表7-2　评估指标量值与相对权重

一级指标	C_1	C_2	C_3	C_4	C_5	C_6
相对权重	0.177	0.188	0.146	0.135	0.229	0.125
二级指标	$C_{11}C_{12}C_{13}$	$C_{21}C_{22}C_{23}$	$C_{31}C_{32}C_{33}$	$C_{41}C_{42}$	$C_{51}C_{52}$	$C_{61}C_{62}C_{63}$
量值	4.8 5.9 6.3	6.3 5.8 7.4	6.6 6.1 6.2 7.2	6.2 6.7	4.8 5.1	5.7 5.5 6.4
相对权重	0.353 0.294 0.353	0.278 0.389 0.333	0.286 0.214 0.286 0.214	0.462 0.538	0.364 0.636	0.375 0.292 0.333

由表中的数据以及关联度公式，可计算出该炮团整体信息化作战能力及各一级指标关于各等级的关联度值，如表7-3所示。

表7-3　整体信息化作战能力及各级一级指标关于各等级的关联度

等级	指标						
	一体化战场感知能力	网络化指挥控制能力	精确化火力打击能力	立体化机动部署能力	全频谱信息作战能力	集约化综合保障能力	炮兵团整体信息化作战能力
$j=1$	−0.378	−0.494	−0.477	−0.494	−0.203	−0.375	−0.323

续表

等级	指标						
	一体化战场感知能力	网络化指挥控制能力	精确化火力打击能力	立体化机动部署能力	全频谱信息作战能力	集约化综合保障能力	炮兵团整体信息化作战能力
$j=2$	0.121	-0.144	-0.169	-0.156	0.432	0.085	0.058
$j=3$	-0.041	0.119	0.211	0.235	-0.194	-0.001	0.033
$j=4$	-0.362	-0.357	-0.368	-0.375	-0.438	-0.401	-0.332

5. 等级评定

若 $K_{j_0}(N) = \max(k_j(N)), (j=1,2,\cdots,n)$，则评定对象 N 属于等级 j，$k_j(N) \geqslant 0$ 表示待评物元符合评估等级 j；$k_j(N) \leqslant 0$ 表示待评物元不符合评估等级 j；$k_j(N)$ 的大小反映待评元符合或不符合评估等级 j 的程度。

从表 7-3 的结果可以看出，该炮团整体信息化作战能力属于"一般"层次，从前后数据分析，基本上还是偏向于较高层次。分析其主要原因，是因为在信息化作战体系下，一体化战场感知能力、全频谱信息作战能力的重要性越来越大；同时，该团此两项能力属于"一般"层次，因而影响了整体作战能力的等级层次。从表 7-3 中数据还可以看出，一体化战场感知能力、全频谱信息作战能力和集约化综合保障能力同处于"一般"层次。但是，一体化战场感知能力和集约化综合保障能力更接近于"较高"层次，而全频谱信息作战能力距离"较低"层次更接近，这也是部队需要重点建设和提高的单项能力。

第 **8** 章

TOPSIS 评估法

TOPSIS 评估法（TOPSIS 法）是基于归一化后的原始数据矩阵，找出有限方案中的最优方案和最劣方案（分别用最优向量和最劣向量表示），然后分别计算各评估对象与最优方案和最劣方案的距离，获得各评估对象与最优方案的相对接近程度，以此作为评估优劣的依据。

8.1　基本理论

TOPSIS 法是一种多目标决策方法，基本思路是定义决策问题的理想解和负理想解，然后在可行方案中找到一种方案，使其距理想解的距离最近，而距负理想解的距离最远。

理想解一般是设想最好的方案，它所对应的各个属性至少达到各个方案中的最好值；负理想解是假定最坏的方案，其对应的各个属性至少不优于各个方案中的最劣值。方案排队的决策规则，是把实际可行解和理想解与负理想解作比较，若某个可行解最靠近理想解，同时又最远离负理想解，则此解是方案集的满意解。

8.2　方法概述

TOPSIS 法的一般步骤如下。

（1）设有 m 个目标（有限个目标），n 个属性，专家对其中第 i 个目标的第 j 个属性的评估值为 x_{ij}，则初始判断矩阵为

$$X = \begin{pmatrix} x_{11} & x_{12} & \cdots & x_{1n} \\ x_{21} & x_{22} & \cdots & x_{2n} \\ \vdots & \vdots & & \vdots \\ x_{m1} & x_{m2} & \cdots & x_{mn} \end{pmatrix} \tag{8.1}$$

（2）由于各个指标的量纲可能不同，需要对决策矩阵进行归一化处理，即

$$X' = \begin{pmatrix} x'_{11} & x'_{12} & \cdots & x'_{1n} \\ x'_{21} & x'_{22} & \cdots & x'_{2n} \\ \vdots & \vdots & & \vdots \\ x'_{m1} & x'_{m2} & \cdots & x'_{mn} \end{pmatrix} \tag{8.2}$$

式中，$x'_{ij} = \dfrac{x_{ij}}{\sqrt{\sum\limits_{k=1}^{n} x_{ij}^2}}$ $(i=1,2,\cdots,m; j=1,2,\cdots,n)$。

（3）根据专家调查法获取专家群体对属性的信息权重矩阵 B，形成加权判断矩阵：

$$Z = X'B = \begin{pmatrix} x'_{11} & x'_{12} & \cdots & x'_{1n} \\ x'_{21} & x'_{22} & \cdots & x'_{2n} \\ \vdots & \vdots & & \vdots \\ x'_{m1} & x'_{m2} & \cdots & x'_{mn} \end{pmatrix} \begin{pmatrix} \omega_1 & 0 & \cdots & 0 \\ 0 & \omega_2 & & 0 \\ \vdots & \vdots & & \vdots \\ 0 & \cdots & \cdots & \omega_n \end{pmatrix} = \begin{pmatrix} z_{11} & z_{12} & \cdots & z_{1n} \\ z_{21} & z_{22} & \cdots & z_{2n} \\ \vdots & \vdots & & \vdots \\ z_{m1} & z_{m2} & \cdots & z_{mn} \end{pmatrix}$$
$$\tag{8.3}$$

（4）根据加权判断矩阵获取评估目标的正负理想解。

正理想解：

$$z_j^+ = \begin{cases} \max\limits_i(f_{ij}), & j \in J^* \\ \min\limits_i(f_{ij}), & j \in J' \end{cases} (j=1,2,\cdots,n) \tag{8.4}$$

负理想解：

$$z_j^- = \begin{cases} \min_i(f_{ij}), & j \in J^* \\ \max_i(f_{ij}), & j \in J' \end{cases} (j=1,2,\cdots,n) \tag{8.5}$$

式中，J^* 为效益型指标；J' 为成本型指标。

（5）计算各目标值与理想值之间的欧几里得距离：

$$S_i^+ = \sqrt{\sum_{j=1}^n (z_{ij} - z_j^+)^2}, i=1,2,\cdots,m \tag{8.6}$$

$$S_i^- = \sqrt{\sum_{j=1}^m (z_{ij} - z_j^-)^2}, i=1,2,\cdots,m \tag{8.7}$$

（6）计算各个目标的相对贴近度：

$$C_i = \frac{S_i^-}{S_i^- + S_i^+}, 0 \leqslant C_i \leqslant 1; i=1,2,\cdots,m \tag{8.8}$$

于是，若 Z_i 是理想解，则相应的 $C_i=1$；若 Z_i 是负理想解，则相应的 $C_i=0$，Z_i 越靠近理想解，C_i 越接近 1；反之，越接近负理想解，C_i 越接近 0。那么，可以对 C_i 进行排队，以求出满意解。

（7）依照相对贴近度的大小对目标进行排序，形成决策依据。

▥ 8.3　TOPSIS 法的特点与应用范围

TOPSIS 法避免了数据的主观性，不需要目标函数，不用通过检验，而且能够很好地刻画多个影响指标的综合影响力度，并且对于数据分布及样本量、指标多少无严格限制，既适于小样本资料，也适于多评估单元、多指标的大系统，较为灵活方便。但是该算法需要每个指标的数据，而对应的量化指标选取会有一定难度，同时不确定指标的选取个数为多少适宜，才能够去很好地刻画指标的影响力度。

8.4　应用案例——基于 TOPSIS 法的装备评估

反坦克导弹是用于毁伤坦克和其他装甲目标的导弹。目前，反坦克导弹已经发展到第三代，呈现出型号种类多、发射方式多样灵活、效能更强等特点。分析、评估反坦克导弹武器系统的效能，不仅可以为指挥员合理分配使用反坦克导弹武器提供量化依据，而且可以为部队的战斗保障和反坦克导弹武器系统的综合评估提供量化依据。

影响反坦克导弹效能的因素不仅包括反坦克导弹武器系统自身的因素，还包括操作者的技术水平、指挥员的处理决策水平等。在此仅对反坦克导弹武器系统的自身因素进行研究，包括最大有效射程、最大射速、命中概率、破甲深度、飞行速度、制导误差、雷达反射面积、稳定捕捉概率、系统反应时间、车载性能、环境适应性和系统可靠性等指标，如图 8－1 所示。

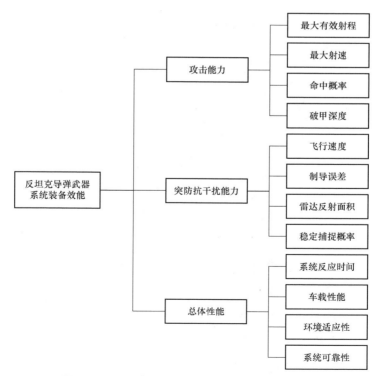

图 8－1　反坦克导弹武器系统效能评估指标体系

为研究需要，对所有指标的数据进行了处理，统一用 0～1 之间的数据表示。其中，最大有效射程、最大射速、命中概率、破甲深度、飞行速度、稳定捕捉概率、车载性能、环境适应性和系统可靠性属于效益型指标，越大越好；系统反应时间、制导误差和雷达反射面积属于成本型指标，越小越好。

为了验证反坦克导弹武器系统的效能，选择 3 种典型的不同型号的车载反坦克导弹，各个导弹的性能指标如表 8-1 所示。

表 8-1　反坦克导弹的性能指标

编号	指标名称	A 型反坦克导弹	B 型反坦克导弹	C 型反坦克导弹
M_1	最大有效射程	0.80	1.00	0.90
M_2	最大射速	0.67	1.00	0.67
M_3	命中概率	0.85	0.90	0.95
M_4	破甲深度	1.00	0.82	0.91
M_5	飞行速度	0.87	1.00	0.84
M_6	制导误差	0.77	0.91	1.00
M_7	雷达反射面积	1.00	0.83	0.67
M_8	稳定捕捉概率	0.85	0.82	0.87
M_9	系统反应时间	1.00	0.60	0.80
M_{10}	车载性能	0.80	0.85	0.90
M_{11}	环境适应性	0.75	0.65	0.70
M_{12}	系统可靠性	0.85	0.75	0.83

步骤 1：确定评估指标主观权重。利用 AHP 的相关步骤，求得各项指标的主观权重 λ_j，具体数值见表 8-2。

步骤 2：确定评估指标客观权重。"熵"是一个热力学的概念，描述了分子运动的无序程度和混乱程度。在信息论中，熵表示从一组不确定事物中提供信息量的多少，信息熵是系统无序程度的度量。

指标值变异程度与信息熵的大小成反比，与自身携带的信息量成正比，也与该指标在综合评估中所起的作用成正比。因此，指标值的变异程度越大，指标的权重就越大；反之，指标的权重就越小。根据信息熵技术原理计算各指标权值的具体步骤如下：

第 j 项指标输出熵：$E_j = -(\lg m)^{-1} \sum_{i=1}^{m} \overline{r_{ij}} \lg \overline{r_{ij}}$；

第 j 项指标的变异度：$D_j = 1 - E_j$；

第 j 项指标客观权重：$\theta_j = \dfrac{D_j}{\sum\limits_{j=1}^{n} D_j}$

因此，根据表 8−1 的数据和上面所述熵权法的公式，可以分别计算指标的输出熵 E_j、变异度 D_j 和客观权重 θ_j，具体数值如表 8−2 所示。

步骤 3：评估指标综合权重的确定。根据公式 $\omega_j = \dfrac{\lambda_j \theta_j}{\sum\limits_{j=1}^{n} \lambda_j \theta_j}$ 计算指标的综合权重 ω_j，其中 λ_j 为各指标的主观权重，具体数值如表 8−2 所示。

表 8−2　评估指标的参数值

名称	M_1	M_2	M_3	M_4	M_5	M_6	M_7	M_8	M_9	M_{10}	M_{11}	M_{12}
λ_j	0.060 8	0.090 7	0.116 4	0.128 7	0.045 0	0.100 1	0.090 6	0.135 2	0.034 7	0.051 8	0.052 6	0.094 3
E_j	0.996 2	0.982 6	0.999 1	0.997 0	0.997 3	0.994 8	0.988 0	0.999 7	0.980 8	0.998 9	0.998 5	0.998 7
D_j	0.003 8	0.017 4	0.000 9	0.003 0	0.002 7	0.005 2	0.012 0	0.000 3	0.019 2	0.001 1	0.001 5	0.001 3
θ_j	0.055 0	0.255 3	0.013 7	0.043 6	0.038 9	0.075 8	0.175 3	0.003 9	0.281 1	0.015 4	0.022 7	0.019 2
ω_j	0.045 8	0.317 1	0.021 8	0.076 8	0.024 0	0.104 0	0.217 6	0.007 2	0.133 6	0.010 9	0.016 3	0.024 8

步骤 4：计算理想点距离和相对贴近度。根据上面的公式计算得到这三种型号的反坦克导弹距离理想点 S_i^+ 的距离分别为 0.098 2、0.027 1、0.080 0；距离负理想点 S_i^- 的距离分别为 0.017 8、0.089 0、0.052 9。选取的三种不同型号反坦克导弹的相对贴近度 C_i^* 分别为 0.153 7、0.766 6、0.398 1。

则 $C_2^* > C_3^* > C_1^*$，即选取的这三种典型不同型号的车载反坦克导弹武器系统效能的顺序为 B 型＞C 型＞A 型。

第 9 章

贝叶斯评估法

贝叶斯网络由托马斯·贝叶斯在 1763 年为了解决不确定性和不完整性问题而创立的理论。它是以贝叶斯定理和贝叶斯假设为基础，使用有向图来表示一系列变量及其概率关系。网络包括节点、有向弧线和条件概率分布，其具有很强的知识表达和概率推理能力。概率推理就是根据已知信息（也称为先验信息），结合随后的测量数据（也称作后验信息），在此基础上去推断事件发生的概率。

近年来，贝叶斯理论及贝叶斯网络的运用非常普及，部分是因为它们具有很强的直观吸引力，同时也归功于目前越来越多现成的软件计算工具，比如 Netica。贝叶斯网已用于各种领域，如医学诊断、图像仿真、经济学、军事学领域等。

9.1 贝叶斯网络的基础理论

贝叶斯网络是综合利用概率论和图论进行不确定性事件分析和推理的工具，其基础理论框架由三部分组成，包括网络表示、网络建模和网络推理等，复杂大系统的贝叶斯网络建模中，首先要完成网络的参数学习和结构学习。

9.1.1　贝叶斯网络的表示

贝叶斯网络是用来表示一组变量之间概率依赖关系的有向无环图 $S=<V,A,P>$，$V=\{V_1,V_2,\cdots,V_n\}$ 表示所有 n 个节点中每个 V_i 的取值节点对应的随机变量，随机变量的取值用 v_i 表示，每条有向边 $a\in A$ 表示每个变量之间相互关系的依赖性。另外，每个节点 V_i 都有各自的条件概率分布，其给出了该节点与其他父节点之间的依概率相互依赖关系，$P=\{P(V_i/P_a(V_i))\}$ 表示条件概率分布的参数，$P_a(V_i)$ 是每个节点 V_i 在 S 中父节点的集合。

贝叶斯网络的联合概率分布可表示为

$$P(V_1,V_2,\cdots,V_n)=\prod_{i=1}^{n}P(V_i\mid P_a(V_i)) \qquad (9.1)$$

由于贝叶斯网络采用的是有向线段表示各节点之间的因果关系，一方面，能够清晰地表达那些事件之间相互关系无法明确表示和处理的问题；另一方面，贝叶斯网络是各变量概率关系的信息载体，是概率变量联合分布的图形化表示。下面给出一个简单的贝叶斯网络，主要表示的是某基地一军舰参加任务和战后状态以及能否参加下一次作战任务的概率的贝叶斯网络，如图 9-1 所示。

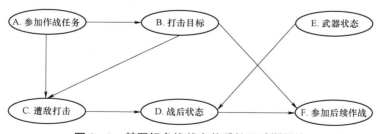

图 9-1　某军舰参战状态关系的贝叶斯网络

其中，各节点的状态概率或条件概率如图 9-2 所示。

由图 9-2 可知，贝叶斯网络由具有条件依赖关系的节点分布网络结构 S 和每个节点变量相关联的条件概率分布 P 组成。当然有多种表示该问题变量间关系的结构，上述结构只是其中的一种。

P(A)	
是	0.4
否	0.6

P(B|A)		
打击目标	有任务	无任务
是	0.8	0.2
否	0.2	0.8

P(E)	
好	0.8
差	0.2

P(C\|A, B)

遭敌打击	有任务		无任务	
	是打击目标	否打击目标	是打击目标	否打击目标
是	0.9	0.7	0.7	0.2
否	0.1	0.3	0.3	

P(D\|C, E)

战后状态	战前状态好		战前状态差	
	是遭敌打击	否遭敌打击	是遭敌打击	否遭敌打击
好	0.4	0.9	0.2	0.8
差	0.6	0.1	0.8	0.2

P(F\|B, D)

参加后续任务	是打击目标		否打击目标	
	战后状态好	战后状态差	战后状态好	战后状态差
是	0.7	0.25	0.9	0.2
否	0.3	0.75	0.1	0.8

图 9 - 2 各节点的状态概率或条件概率

通常情况下，如果已知贝叶斯网络结构，并获得了一定量节点的观测数据，将这些数据输入相应节点，可得到每个未知节点的条件概率分布，同时也可以得到网络中所有节点的联合概率分布；如果无法获得某个节点的状态值时，可以利用已知节点的概率分布计算出该节点的条件概率值。例如，已知军舰武器系统初始条件概率，且在任务中遭受敌方火力打击，求作战任务结束后军舰状态良好的概率为

$$P\{D=好\} = P\{D=好|C=是，E=好\}*P\{E=好\} + P\{D=好|C=是，E=差\}*P\{E=差\}$$
$$= 0.5*0.9 + 0.1*0.1 = 0.46$$

（9.2）

9.1.2 贝叶斯网络的参数学习

依据贝叶斯网络相关原理，需要对构建的网络节点的概率分布进行参数学习。获得贝叶斯网络各节点的概率分布参数主要两种方式：一是是来自先人的经验或者由该领域的特定知识获得相关数据，但是这种方式会导致误差相对较大；二是从实际节点观测数据中学习这些参数的概率分布参数，这种用方法具有很强的适

应性。数据通常指贝叶斯网络中变量的一组实际观测值

$$D = \{v^1, v^2, \cdots, v^m\}, v^i = \{v_1^i, v_2^i, \cdots, v_m^i\} \quad\quad (9.3)$$

根据网络节点数据的实际观测结果情况，可将其划分为完备观测数据集和不完备观测数据集。完备观测数据集中的每组观测样本，每个节点都具有完备的观测结果数据，不完备数据集是指对某组实例观测结果中有部分网络节点参数缺值或节点观测结果异常的情况。对不完备数据集的网络参数学习，要借助相关的近似解算方法，如蒙特卡洛方法等，虽然该方法比较成熟，但处理过程难度大，在这里不做详细介绍。

贝叶斯网络采用的参数学习方法一般为最大似然估计方法，似然函数的一般形式为

$$L(\theta, D) = P(\theta \mid D) = \prod_i P(v^i \mid \theta) \quad\quad (9.4)$$

该方法基于以下三个前提：一是样本中的观测数据是完备的；二是各实例之间相互独立；三是各实例服从统一的概率分布。下面给出贝叶斯网络的基于最大似然估计的参数学习法。

对于贝叶斯网络 S，给定一组变量 $V = \{V_1, V_2, \cdots, V_n\}$ 相互独立同分布的完备数据集 $D = \{v^1, v^2, \cdots, v^m\}, v^i = \{v_1^i, v_2^i, \cdots, v_n^i\}$，则数据的对数最大似然函数为

$$\ln L(\theta, D) = \ln P(\theta \mid D) = \frac{1}{m}\sum_{i=1}^{m} \ln P_\theta(v^i) = \frac{1}{m}\sum_{i=1}^{m}\sum_{j=1}^{n} \ln P_\theta(v_j^i \mid P_a(v_j^i)) \quad (9.5)$$

假设已知了变量的分布函数，可对上述式子采取拉格朗日乘子法求得概率函数的最大值，进而得到参数的估计值。若变量的分布函数未知，我们得先确定分布函数，由于贝叶斯网络主要分析离散的变量，故对于连续的变量先进行离散化处理，离散型变量又多为 β 分布或多项式分布，进而利用上述最大似然函数确定参数值。

9.1.3　贝叶斯网络的推理

贝叶斯网络推理的原理就是贝叶斯理论，它利用随机变量间的条件独立性，将一个事件总的网络联合概率分布直观形象地描述成一个图形结构和一系列节点的条件概率表，经消元计算可计算推导出网络中任意变量的概率分布或部分变量

的概率分布，其核心内容是计算网络后验条件概率分布。在已知网络中某些节点变量证据的取值情况下，可计算推理出关心的网络节点变量的条件概率分布。贝叶斯网络推理的应用最常见的是后验概率问题。

后验概率问题是已知网络中某些节点的变量状态和取值，计算另外一些节点的变量状态和取值的后验概率分布问题。例如，在某舰艇参战状态关系的网络中，如观测到舰艇战后状态较差（$D=$ 差），这时就会想知道本舰是否被敌方反舰导弹攻击以及本舰艇最初的武器状态是否完好，即计算 P（$C=$ 是$|D=$ 差），P（$E=$ 好$|D=$ 差）。贝叶斯网络的最基本和最主要的后验概率问题的推理形式有以下几种类型。

（1）由结果到原因的诊断推理：由事件结果推知发生原因，目的是在已知事件结果条件下推导该结果产生的原因。已知事件产生了某个结果，依节点间概率关系反向推理得到产生该结果的原因及其概率。例如，在某舰艇参战状态关系的贝叶斯网络中，已知本舰艇遭到敌反舰导弹的攻击（$C=$ 是），推算我舰艇参加了打击敌目标的概率是多少。

（2）由原因到结果的预测推理：由事件原因推知结论，目的是由事件原因推导出将发生的结果。已知一定的初始状态，经推理计算求出在该初始状态的条件下某种事件结果发生的概率。例如，从上例中知道了本舰艇遭到敌方反舰导弹的攻击（$C=$ 是）和各武器系统状态较差（$E=$ 差），推算舰艇战后状态良好的概率 $P(D=$ 好$|C=$ 是，$E=$ 差）。

（3）包含多种类型的混合推理。例如，已知舰艇参加作战任务（$A=$ 是）和战后舰艇状态良好（$D=$ 好），计算该舰艇作战过程中遭到敌反舰导弹攻击的概率 P（$C=$ 是$|A=$ 是，$D=$ 好），本例中既有诊断推理又有预测推理。

■ 9.2　贝叶斯网络评估的优缺点及适用范围

1. 贝叶斯评估优缺点

贝叶斯评估的优点：一是所需信息少，需要的就是有关先验的知识；二是仿真软件成熟，方便好用；三是提供了一种利用客观信念解决问题的机制。缺点是：一方面，对于复杂系统，确定贝叶斯网中所有节点之间的相互作用是相当困难的；另一方面，贝叶斯方法需要众多的条件概率知识，通常需要专家判断提供，软件工具只能基于这些假定来提供答案。

2. 适用范围

近年来，贝叶斯理论及贝叶斯网络的运用非常普及，部分是因为它们具有直观吸引力，同时也归功于目前越来越多现成的软件计算工具。贝叶斯网络已用于各种领域，如医学诊断、图像仿真、基因学、语音识别、经济学、外层空间探索，以及目前使用的强大的网络搜索引擎。对于任何需要利用结构关系和数据来了解未知变量的领域，它们都被证明行之有效。贝叶斯网络可以用来认识因果关系，以便了解问题域并预测干预措施的结果。

9.3　应用案例——基于贝叶斯网络的某装备战场机动效能的评估

9.3.1　建立作战目标评估模型

首先确定某主战装备型号战场机动效能试验战役机动能力试验项目指标体系，体系表如表 9-1 所示。

表 9-1　某主战装备型号战场机动效能试验战役机动能力试验项目指标体系表

能力类型	指标类型	指标	单位	含义
战役机动能力	反应能力	总反应时间	min	装备从接到机动命令始到开始机动止所用的时间
		反应效率	战斗力/min	装备平均每分钟多少单位战斗力能够反应
		反应速度	km/min	装备反应过程中平均每分钟可以转移的距离
		反应管理时间比	%	总反应时间中有多少时间用于管理活动

能力类型	指标类型	指标	单位	含　义
战役机动能力	机动速度	平均机动速度	km/(战斗力·h)	每小时能把一个单位的战斗力机动多少距离
		连续机动率	%	装备处于机动状态的总时间与机动总时间之比
	机动安全	机动可靠性	%	机动行动损失了多少战斗力
		机动受阻率	%	机动过程中所有因各种原因停止机动的兵力,停止机动时间的累加和除以机动总时间
		人为故障率	%	因操作原因导致机动受阻的事件数占机动受阻事件总数的比值

根据确定的机动能力试验项目指标体系,构建战役机动能力评估模型,如图 9－3 所示。一级指标包括反应能力、机动速度、机动安全;反应能力二级指标又细化为总反应时间、反应效率、反应速度。

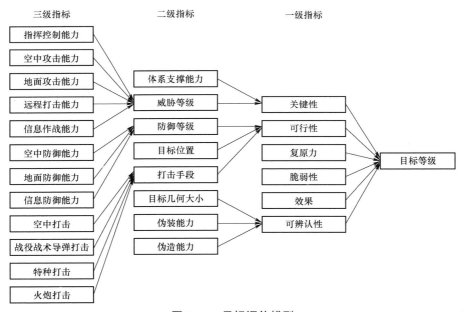

图 9－3　目标评估模型

9.3.2　评估模型参数的确定

1. 评估模型中节点状态分析

目标等级和一级指标均采取三级评定制，由一级至三级，目标的综合评定等级和一级指标等级递减。一级指标评估标准如表 9-2 所示。二级指标中体系支撑能力、伪装能力、伪造能力分为强、中、弱三级，威胁等级、防御等级分为高、中、差三级，目标位置分为前沿和纵深，打击手段分多样和单一，目标几何大小分大和小。三级指标中指挥控制能力、远程打击能力、空中攻击能力、地面攻击能力、信息作战能力、空中防御能力、地面防御能力、信息防御能力均分强、中、弱三级，空中打击、战役战术导弹打击、火炮打击、特种打击皆有是和否两种状态。

表 9-2　一级指标评估标准

关键性	可行性	复原力	脆弱性	效果	可辨认性	等级
破坏后明显降低任务效果	任务易完成	几天内恢复	一点被毁丧失功能	对军心士气影响大	容易	一级
破坏后降低任务效果	任务可完成	数周内恢复	毁坏部分丧失功能	对军心士气影响一般	困难	二级
破坏后不降低任务效果	任务难完成	数月内恢复	全部毁坏丧失功能	对军心士气影响不大	极难	三级

2. 获得样本数据

经相关领域专家判断，建立作战目标样本数据集。由于篇幅限制，此处仅列出一级指标样本数据集（表 9-3），包含作战力量、武器装备、军事设施等不同类型的 35 个样本数据。

表 9-3　贝叶斯网络参数学习样本数据（一级指标）

序号	关键性	可行性	复原力	脆弱性	效果	可辨认性	目标等级
1	一级	二级	三级	一级	一级	三级	一级

序号	关键性	可行性	复原力	脆弱性	效果	可辨认性	目标等级
2	二级	二级	二级	一级	一级	三级	二级
3	二级	二级	二级	一级	一级	三级	二级
4	三级	一级	二级	三级	三级	二级	三级
5	三级	一级	二级	三级	二级	二级	二级
6	二级	二级	二级	三级	三级	二级	三级
7	二级	二级	二级	三级	三级	二级	三级
8	二级	一级	二级	三级	三级	二级	二级
9	一级	二级	三级	二级	二级	一级	一级
10	一级	二级	三级	一级	二级	一级	一级
11	一级	二级	三级	一级	二级	三级	一级
12	二级	二级	二级	三级	二级	三级	三级
13	一级	三级	二级	三级	二级	三级	一级
14	一级	二级	三级	一级	二级	三级	一级
15	三级	二级	二级	一级	三级	一级	三级
16	二级	二级	二级	一级	三级	一级	二级
17	二级	二级	二级	一级	三级	三级	三级
18	二级	二级	二级	一级	三级	一级	二级
19	二级	二级	一级	三级	三级	一级	二级
20	一级	一级	三级	一级	一级	一级	一级
21	二级	一级	三级	一级	一级	一级	二级
22	三级	一级	三级	一级	一级	一级	三级
23	一级	三级	一级	三级	三级	三级	三级

续表

序号	关键性	可行性	复原力	脆弱性	效果	可辨认性	目标等级
24	二级	三级	一级	三级	三级	三级	三级
25	三级	三级	一级	三级	三级	三级	三级
26	一级	二级	三级	一级	一级	一级	一级
27	一级	三级	三级	一级	一级	一级	一级
28	一级	三级	二级	一级	一级	一级	一级
29	一级	三级	一级	一级	一级	一级	一级
30	一级	三级	一级	二级	一级	一级	一级
31	一级	三级	一级	三级	一级	一级	一级
32	一级	三级	一级	三级	二级	一级	一级
33	一级	三级	一级	三级	三级	一级	二级
34	一级	三级	一级	三级	二级	二级	一级
35	一级	三级	一级	三级	二级	三级	二级

3. 网络参数训练

利用 Netica 工具，建立贝叶斯网络结构，并利用 Netica 集成的梯度下降法对样本数据进行学习，得出节点的条件概率分布，如图 9-4 所示。

9.3.3　评估模型试验论证

论证试验同样运用 Netica 仿真工具。这里以目标评估模型中的一级指标为例进行测试评估。随机选取指挥所、作战力量、机场、导弹阵地等类型非样本数据集中目标作为测试样本数据，如表 9-4 所示。

将测试样本分别输入评估模型，得出评估结果，如表 9-5 所示。将表 9-5 综合评定等级与表 9-4 目标等级进行对比可得出，评估结果正确率为 100%。由此可见，本章建立的贝叶斯网络作战目标评估模型，能够准确评估作战目标等级。

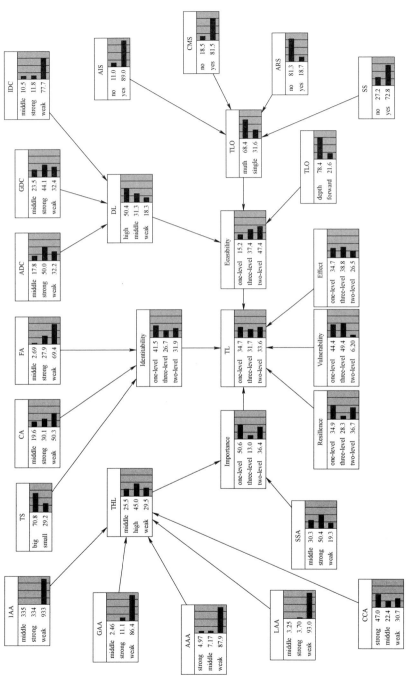

图 9－4　贝叶斯网络结构图

表 9-4　作战目标评估模型数据

序号	名称	关键性	可行性	复原力	脆弱性	效果	可辨认性	目标等级
1	××战术司令部	一级	三级	三级	二级	二级	三级	二级
2	××步兵营	三级	二级	二级	三级	三级	二级	三级
3	××装甲旅	二级	二级	三级	三级	二级	一级	二级
4	××机场	一级	二级	一级	二级	二级	一级	一级
5	××导弹阵地	一级	二级	三级	一级	二级	三级	一级

表 9-5　作战目标评估模型测试结果

序号	名称	一级/%	二级/%	三级/%	综合评定
1	××战术司令部	28.9	37.6	33.5	二级
2	××步兵营	34.5	27.3	38.2	三级
3	××装甲旅	29.5	37.5	33.1	二级
4	××机场	37.6	29.8	32.6	一级
5	××导弹阵地	98.6	0.68	0.68	一级

　　本章通过贝叶斯网络建立战役机动能力评估模型，基本实现了对装备的战场机动效能的评估，为作战训练效果评估提供科学有效的评估方法。

第 10 章

主成分分析法

主成分分析是一种降维算法，它能将多个指标转换为少数几个主成分，这些主成分是原始变量的线性组合，且彼此之间互不相关，其能反映出原始数据的大部分信息。一般来说，当研究的问题涉及多变量且变量之间存在很强的相关性时，我们可考虑使用主成分分析的方法对数据进行简化。

■ 10.1 主成分分析法的基本理论

10.1.1 主成分分析法的基本原理

设有 $x_1, x_2, \cdots, x_m$ 共 m 个观测变量，在原始变量的 m 维空间中，找到新的 m 个坐标轴，建立新变量与原始变量的关系：

$$\begin{cases} y_1 = l_{11}x_1 + l_{12}x_2 + \cdots + l_{1m}x_m \\ y_2 = l_{21}x_1 + l_{22}x_2 + \cdots + l_{2m}x_m \\ \quad\quad\quad\quad \vdots \\ y_l = l_{l_1}x_1 + l_{l_2}x_2 + \cdots + l_{lm}x_m \end{cases} \quad (10.1)$$

式中，$y_1, y_2, \cdots, y_l (l<m)$ 为原始变量的主成分。

由于原始变量的量纲和数量级往往有很大差异，为了消除这些差异带来的影响，一般通过标准化进行处理。假设 m 个指标 $X_1, X_2, \cdots, X_m$ 分别表示每个对象的各个特性，如果有 N 个对象，则可利用矩阵表示为

$$X_{N \times m} = \begin{bmatrix} x_{11} & \cdots & x_{1m} \\ \vdots & & \vdots \\ x_{N1} & \cdots & x_{Nm} \end{bmatrix} \tag{10.2}$$

利用下式对 x_{ij} 进行标准化处理，从而得到标准矩阵 X^*，即

$$x_{ij}^* = \frac{(x_{ij} - \mu_j)}{\sigma_j}, \quad i = 1, 2, \cdots, N; j = 1, 2, \cdots, m \tag{10.3}$$

式中，μ_j、σ_j 分别为指标变量 X_j 的均值和标准差。

经标准化处理后，可得到相关矩阵为

$$R = \frac{X^{*\mathrm{T}} X^*}{(N-1)} \tag{10.4}$$

进一步,计算矩阵 R 的特征值 $\lambda_1 \geqslant \cdots \geqslant \lambda_m$ 及相应的特征向量 $u^{(1)}, u^{(2)}, \cdots, u^{(m)}$。在此基础上，可得方差贡献率和累计方差贡献率分别为

$$\eta_i = \left(\frac{\lambda_i}{\sum_{i=1}^{m} \lambda_i} \right) \times 100\% \tag{10.5}$$

$$\eta = \sum_{i=1}^{p} \eta_i$$

选取主成分的个数取决于累计方差贡献率，通常当累计方差贡献率大于 85% 时，主成分个数取为 p 个。此时，对应的前 p 个主成分包含了 m 个原始变量所能提供的绝大部分信息。p 个主成分对应的特征向量为 $U_{m \times p} = [u^{(1)}, u^{(2)}, \cdots, u^{(p)}]$，于是 n 个样本的 p 个主成分构成的矩阵为

$$Z_{N \times p} = X_{N \times m}^* U_{m \times p} \tag{10.6}$$

10.1.2　主成分分析法确定指标权重

采用主成分分析法确定指标权重，步骤如下。

步骤 1：标准化处理评估指标数据。对第 i 样本第 j 指标 x_{ij} 进行标准化处理，即

$$x_{ij}^* = \frac{(x_{ij} - \hat{\mu}_j)}{\hat{\sigma}_j}, \quad i = 1, 2, \cdots, N, j = 1, 2, \cdots, m \qquad (10.7)$$

式中，$\hat{\mu}_j$、$\hat{\sigma}_j$ 分别为 μ_j、σ_j 的估计值，从而得到标准矩阵，即

$$\boldsymbol{X}_{N \times m}^* = \begin{bmatrix} x_{11}^* & \cdots & x_{1m}^* \\ \vdots & & \vdots \\ x_{N1}^* & \cdots & x_{Nm}^* \end{bmatrix} \qquad (10.8)$$

步骤 2：计算矩阵 $\boldsymbol{X}^*$ 的相关系数矩阵 $\boldsymbol{R} = (r_{ij})_{N \times m}$，$r_{ij}$ 按下式计算：

$$r_{ij} = \frac{\sum_{k=1}^{N} (x_{ki} - \bar{x}_i)(x_{kj} - \bar{x}_j)}{\sqrt{\sum_{k=1}^{N} (x_{ki} - \bar{x}_i)^2 \sum_{k=1}^{N} (x_{kj} - \bar{x}_j)^2}}, \quad i, j = 1, 2, \cdots, m \qquad (10.9)$$

式中，r_{ij} 表示变量 X_i 与 X_j 之间的相关系数。

步骤 3：计算矩阵 $\boldsymbol{R}$ 的特征值 $\lambda_1 \geqslant \cdots \geqslant \lambda_m$ 及相应的特征向量 $\boldsymbol{u}^{(1)}, \cdots, \boldsymbol{u}^{(m)}$。

步骤 4：写出主成分表达式，选择重要的主成分。

利用得到的特征向量，构造矩阵 $\boldsymbol{X}^*$ 的 m 个列向量 $\boldsymbol{X}_1^*, \boldsymbol{X}_2^*, \cdots, \boldsymbol{X}_m^*$ 的线性组合，由此得到 m 个主成分为

$$\begin{cases} \boldsymbol{y}_1 = u_1^{(1)} \boldsymbol{X}_1^* + u_2^{(1)} \boldsymbol{X}_2^* + \cdots + u_m^{(1)} \boldsymbol{X}_m^* \\ \boldsymbol{y}_2 = u_1^{(2)} \boldsymbol{X}_1^* + u_2^{(2)} \boldsymbol{X}_2^* + \cdots + u_m^{(2)} \boldsymbol{X}_m^* \\ \qquad\qquad\qquad\vdots \\ \boldsymbol{y}_l = u_1^{(m)} \boldsymbol{X}_1^* + u_2^{(m)} \boldsymbol{X}_2^* + \cdots + u_m^{(m)} \boldsymbol{X}_m^* \end{cases} \qquad (10.10)$$

式中，$u_j^{(i)}$ 表示 $u^{(i)}$ 的第 j 个分量。

按下式计算各主成分的方差贡献率和累计方差贡献率，即

$$\eta_i = \left(\frac{\lambda_i}{\sum_{i=1}^{m} \lambda_i} \right) \times 100\% \qquad (10.11)$$

$$\eta = \sum_{i=1}^{p} \eta_i$$

当 $\eta \geqslant 0.85$ 时，可确定主成分的个数 p，并用前 p 个主分量代替原来的 m 个变量。前 p 个主成分为公共因子。

步骤 5：确定各指标的权重。首先，计算 m 个指标在第 i 个公共因子上的载荷向量，即

$$\boldsymbol{\alpha}_i = \sqrt{\lambda_i}\, u^{(i)} = \sqrt{\lambda_i} \begin{pmatrix} u_1^{(i)} \\ u_2^{(i)} \\ \vdots \\ u_m^{(i)} \end{pmatrix}, \quad i = 1, 2, \cdots, p \tag{10.12}$$

然后，计算变量的公共度，即第 j 个指标在全部 p 个公共因子上的载荷的平方和，其计算公式为

$$H_j = h_j^2 = \sum_{i=1}^{p} \alpha_{ij}^2, \quad j = 1, 2, \cdots, m \tag{10.13}$$

公共度的大小反映了各原始指标对选出的主成分所起的作用，比较各变量的公共度可知哪一个变量在公共度方面所起的作用大。因此将每个指标的公共度分别归一化作为该变量的权重。

设 w_{AB_k} 表示目标层 A 下的指标 B_k 的权重，$w_{B_k C_j}$ 表示指标 B_k 的下一级指标 C_j 的权重：

$$w_{B_k C_j} = \frac{H_j}{\sum_{j=a_k}^{b_k} H_j}, \quad i = 1, 2, \cdots, 5; j = 1, 2, \cdots, 22 \tag{10.14}$$

式中，a_k、b_k 分别为指标 B_k 的下一级指标编号的最小值和最大值。

例如，指标 B_k 的下一级指标为 $C_9, \cdots, C_{13}$，则 $a_3 = 9, b_3 = 13$，即

$$w_{AB_3} = \frac{\sum_{j=9}^{13} H_j}{\sum_{j=1}^{22} H_j} \tag{10.15}$$

10.2　主成分分析法的优缺点

10.2.1　主成分分析法的优点

（1）可消除评估指标之间的相关影响。因为主成分分析在对原指标变量进行变换后形成了彼此相互独立的主成分，而且实践证明指标之间相关程度越高，主

成分分析效果越好。

（2）可减少指标选择的工作量。对于其他评估方法，由于难以消除评估指标间的相关影响，所以选择指标时要花费不少精力。而主成分分析由于可以消除这种相关影响，所以在指标选择上相对容易些。

（3）当评级指标较多时还可以在保留绝大部分信息的情况下用少数几个综合指标代替原指标进行分析。主成分分析中各主成分是按方差大小依次排列顺序的，在分析问题时，可以舍弃一部分主成分，只取前后方差较大的几个主成分来代表原变量，从而减少了计算工作量。

（4）在综合评估函数中，各主成分的权数为其贡献率，它反映了该主成分包含原始数据的信息量占全部信息量的比重，这样确定权数是客观的、合理的，它克服了某些评估方法中认为确定权数的缺陷。

（5）这种方法的计算比较规范，便于在计算机上实现，还可以利用专门的软件。

10.2.2　主成分分析法的缺点

（1）在主成分分析中，首先应保证所提取的前几个主成分的累计贡献率达到一个较高的水平，即变量降维后的信息量须保持在一个较高水平上；其次对这些被提取的主成分必须都能够给出符合实际背景和意义的解释，否则主成分将空有信息量而无实际含义。

（2）主成分的解释其含义一般多少带有点模糊性，不像原始变量的含义那么清楚、确切，这是变量降维过程中不得不付出的代价。因此，提取的主成分个数 m 通常应明显小于原始变量个数 p，除非 p 本身较小，否则维数降低的"利"可能抵不过主成分含义不如原始变量清楚的"弊"。

■ 10.3　应用案例——战斗力的评估模型

战斗力也称为作战能力，是指武装力量遂行作战任务的能力。世界新军事的本质和核心是信息化，信息化的全面推进促使战争形势由传统的机械化战争转变为信息化战争，信息化部队应运而生。信息化战争背景下遂行作战任务的能力即为信息化部队战斗力。

信息化战争在战争形态、作战力量和作战空间等方面均发生了根本性的改变，对信息化部队作战能力的评估也成为一个热点问题。信息化部队战斗能力评估一般考虑以下三个方面。

（1）指标体系的建立。信息化部队战斗力评估指标体系是一个复杂的体系，指标多且具有不确定性和不完全性，必须结合实际设置合理的、能反映不同侧面的体系。

（2）指标权重的确定。建立了评估指标体系后，需要对每一个指标赋予一定的权重。权重反映了各因素在评判和决策过程中所占的地位和起到的作用，所确定的权重的合理性直接影响着评估结果和决策过程的科学性和准确性。

（3）评估模型的建立。选取合适的评估方法进行信息化部队战斗力评估。

战斗力分为 5 个等级：强（90 分以上）、较强（80～90 分）、一般（70～80 分）、较差（60～70 分）、差（60 分以下）。

结合实际情况，建立指标体系的基本原则如下：

（1）评估指标应能反映出信息化战争的本质特性；

（2）评估指标应可最大限度地实施量化处理且能客观公正地反映信息化作战效能；

（3）指标体系应尽可能地反映出指标间的相互关联性。

基于这些原则，通过分析研究，建立由五大类 22 个具体指标构成的信息化部队战斗力评估体系，如图 10-1 所示。

五大类指标如下：

（1）信息能力，包括信息获取能力、信息传输能力、信息处理能力、信息利用能力；

（2）打击能力，包括火力打击能、进攻作战能力、防御作战能力和电子战能力；

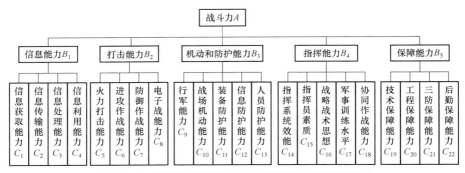

图 10-1　信息化部队战斗力的多层次评估指标体系

（3）机动和防护能力，包括行军能力、战场机动能力、装备防护能力、信息防护能力和人员防护能力；

（4）指挥能力，包括指挥系统效能、指挥员素质、战略战术思想、军事训练水平和协同作战能力；

（5）保障能力，包括技术保障能力、工程保障能力、三防保障能力和后勤保障能力。

设指标 B_k 对应的分战斗力为 M_{B_k}，即

$$M_{B_k} = \frac{1}{n} \sum_{j=a_k}^{b_k} \sum_{i=1}^{n} w_{B_k C_j} X_{ij}, k = 1, 2, \cdots, 5 \qquad (10.16)$$

式中，n 为专家人数；X_{ij} 为第 i 个专家关于第 j 种指标的打分。

设信息化部队综合战斗力为 M，则

$$M = \sum_{k=1}^{5} w_{AB_k} M_{B_k} \qquad (10.17)$$

因此，M 值体现了一支部队的战斗力，M 值越大战斗力越强。

根据战斗力评估指标体系，经 5 位专家对部队进行考核，其中包括静态和动态考核，评分如表 10-1 所示。

表 10-1　评估指标得分统计表

B_1				B_2				B_3					B_4					B_5			
C_1	C_2	C_3	C_4	C_5	C_6	C_7	C_8	C_9	C_{10}	C_{11}	C_{12}	C_{13}	C_{14}	C_{15}	C_{16}	C_{17}	C_{18}	C_{19}	C_{20}	C_{21}	C_{22}
70	80	90	95	80	85	88	95	65	73	80	86	92	70	76	82	85	92	75	78	80	93
68	75	82	80	75	90	78	85	70	90	86	80	73	68	75	75	78	85	68	85	70	90
65	75	82	80	68	86	80	75	80	85	70	65	78	70	90	78	86	80	70	80	85	75
78	67	86	84	72	80	68	79	89	84	67	79	80	93	75	60	73	84	62	77	86	92
76	80	62	78	93	88	74	63	69	70	87	74	66	78	85	69	66	70	85	63	78	89

经计算可得前四个主成分对应的特征值、贡献率和累计贡献率，如表 10-2 所示。

表 10-2　前四个主成分对应的特征值、贡献率和累计贡献率

主成分	特征值	贡献率/%	累计贡献率/%
主成分 1	7.900 7	35.91	35.91
主成分 2	6.856 9	31.17	67.08
主成分 3	4.596 1	20.89	87.97
主成分 4	2.646 3	12.03	99.99

由表 10-2 可见，前三个主成分的累计贡献率已达 87.97%，所以取前三个主成分作为公因子。

经计算可得评估指标对应的权重如表 10-3 所示。

表 10-3　评估指标对应的权重表

评估指标	一级指标	权重	二级指标	权重
信息化部队战斗力	信息能力	0.192 9	信息获取能力	0.265 9
			信息传输能力	0.249 7
			信息处理能力	0.267 6
			信息利用能力	0.216 8

评估指标	一级指标	权重	二级指标	权重
信息化部队战斗力	打击能力	0.190 0	火力打击能力	0.267 9
			进攻作战能力	0.212 5
			防御作战能力	0.249 1
			电子战能力	0.270 5
	机动和防护能力	0.216 2	行军能力	0.238 7
			战场机动能力	0.135 1
			装备防护能力	0.202 6
			信息防护能力	0.231 3
			人员防护能力	0.192 3
	指挥能力	0.242 5	指挥系统效能	0.209 5
			指挥员素质	0.169 2
			战略战术思想	0.206 2
			军事训练水平	0.202 3
			协同作战能力	0.212 8
	保障能力	0.158 4	技术保障能力	0.289 7
			工程保障能力	0.261 7
			三防保障能力	0.140 1
			后勤保障能力	0.308 5

战斗力评估经计算得分为 78.161 2 分，属于"一般"水平。

参考文献

［1］ 庄钊文，郁文贤，王浩，等，信息融合技术在可靠性评估中的应用［J］. 系统工程与电子技术，2003，22（3）：75－80.

［2］ 郭永基. 可靠性工程原理［M］. 北京：清华大学出版社，2002.

［3］ 贺国芳. 可靠性数据的收集与分析［M］. 北京：国防工业出版社，1995.

［4］ 周源泉. 翁朝曦. 可靠性基础入门［M］. 北京：中国统计出版社，1990.

［5］ 杨绍奎，孟惠荣，范迅，等. 坦克装甲车辆可修复机械系统的可靠性数据分析方法研究［J］. 兵工学报，1998，71（3）：1－8.

［6］ 潘泉，于昕，程咏梅，等. 信息融合理论的基本方法与进展［J］. 自动化学报，2003，29（4）：599－615.

［7］ Pate-Cornell M E. Uncertainties in risk analysis：six level of treatment ［J］. Reliability Engineering and System Safety，1996，54（2－3）：95－111.

［8］ 周桃庚. 贝叶斯方法在光电系统可靠性中的应用研究［D］. 北京：北京理工大学，2002.

［9］ 张士峰，蔡洪. 小子样条件下可靠性试验信息的融合方法［J］. 国防科技大学学报，2004，26（6）：25－29.

[10] 刘琦，冯静，周经纶. 基于专家信息的先验分布融介方法 [J]. 中国空间科学技术，2004，3（1）：68－71.

[11] 柴建，师义民，魏杰琼，等. 多源验前信息下先验分布的融合方法 [J]. 科学技术与工程，2005，5（20）：1479－1481.

[12] L Valet，G Mauris，Ph Bolon. A statistical overview of recent literature in information fusion [J]. IEEE AESS Systems Magazine，2001，16（3）：7－14.

[13] 张士峰，李荣，樊树江. Bayes 可靠性评估方法述评 [J]. 飞行器测控学报，2000，19（2）：28－34.

[14] 许树柏. 实用决策方法：层次分析法原理 [M]. 天津：天津大学出版社，1988.

[15] 赵静. 数学建模与数学实验 [M]. 北京：高等教育出版社，2000.

[16] 郭金玉，张忠彬，孙庆云. 层次分析法的研究与应用 [J]. 中国安全科学学报，2008，18（5）：148－153.

[17] 董晓明，刘慷. 层次分析法在作战方案优选中的应用 [J]. 火力与指挥控制，2001，27（S1）：56－58.

[18] 王莲芬，许树柏. 层次分析法引论 [M]. 北京：中国人民大学出版社，1990.

[19] 李宏兴，汪群. 工程模糊数学方法及应用 [M]. 天津：天津科学技术出版社，1993.

[20] 徐昌文. 模糊数学在船舶工程中的应用 [M]. 北京：国防工业出版社，1992.

[21] 总参谋部兵种部. 陆军地地战役战术导弹射击教程 [M]. 北京：解放军出版社，1999.

[22] 周永生. 战役战术导弹目标价值排序的模糊综合评判法 [J]. 战术导弹技术，2006（4）：36－39.

[23] 谢季坚，刘承平. 模糊数学方法应用 [M]. 武汉：华中理工大学出版社，2000.

[24] 杨纶标，高英仪. 模糊数学：原理及应用 ［M］. 广州：华南理工大学出版社，2001.

[25] 马亚龙，邵秋峰. 评估理论和方法及其军事应用 ［M］. 北京：国防工业出版社，2013.

[26] 冯军星，马亚龙，王论丛. 基于熵权理想点的反坦克导弹效能评估 ［J］. 四川兵工学报，2014，35（12）：67－70.

[27] 刘思峰. 灰色系统理论及其应用 ［M］. 北京：科学出版社，2017：76－91.

[28] 孙雁农，刘兴，王军. 基于灰色聚类模型的物流企业国防运输资质评估 ［J］. 军事交通学院学报，2021，23（5）：62－67.

[29] 朴惠淑，李继春，王婧，等. 基于标准的 A 级物流企业灰色聚类评估方法 ［J］. 大连海事大学学报，2013，39（4）：128－129.

[30] 刘肖健，辛永平，崔建鹏. 基于贝叶斯网络的地空导弹操作训练评估模型 ［J］. 战术导弹技术，2011，11（6）：60－62.

[31] 张李玉，贺兴时，杨新社. 基于熵权的 Topsis 教育资源评估 ［J］. 咸阳师范学院学报，2020，35（6）：83－87.

[32] 宋爱斌，胡红娟，李冬莉. 基于贝叶斯网络的装备战场机动效能评估 ［J］. 信息系统工程，2022，8（2）：81－83.

[33] 田福平，汶博，郑鹏鹏. 基于贝叶斯网络的作战目标评估 ［J］. 火力与指挥控制，2017，42（2）：79－82.

[34] 马晓明. 基于贝叶斯网络的舰船毁伤效果评估方法研究 ［D］. 哈尔滨：哈尔滨工程大学，2016.

[35] 马志军，贾希胜，陈丽. 基于贝叶斯网络的目标毁伤效果评估研究 ［J］. 兵工学报，2008，29（12）：1509－1513.

[36] 徐克虎，黄大山，王天召. 基于 RBF-GA 的坦克分队作战目标评估 ［J］. 火力与指挥控制，2013，38（12）：83－87.

［37］薛昭，杜晓明，裴国旭. 军事训练评估研究综述［J］. 飞航导弹，2017（2）：55－59.

［38］李刚，鲜勇，王明海. 弹道导弹最大射程评定的 Bayes 方法［J］. 弹道学报，2009，21（3）：74－76.